U0511866

国家社科基金课题"十八大以来党中央治国理政的生态文明思想与实践探索研究"（编号 16ZDD006）专项成果。

实现美丽中国梦
开启生态文明新时代

赵建军　著

人民出版社

责任编辑:孟令堃

文字编辑:王艾鑫

装帧设计:金字斋

图书在版编目(CIP)数据

实现美丽中国梦 开启生态文明新时代/赵建军 著.—

北京:人民出版社,2018.9

ISBN 978-7-01-019540-7

Ⅰ.①实… Ⅱ.①赵… Ⅲ.①生态文明－建设－研究－

中国 Ⅳ.①X321.2

中国版本图书馆 CIP 数据核字(2018)第 212540 号

实现美丽中国梦 开启生态文明新时代

SHIXIAN MEILI ZHONGGUOMENG KAIQI SHENGTAI WENMING XINSHIDAI

赵建军 著

人民出版社 出版发行

(100706 北京市东城区隆福寺街 99 号)

北京中兴印刷有限公司印刷 新华书店经销

2018 年 9 月第 1 版 2018 年 9 月北京第 1 次印刷

开本:710 毫米×1000 毫米 1/16 印张:12.75

字数:190 千字

ISBN 978-7-01-019540-7 定价:49.00 元

邮购地址:100706 北京市东城区隆福寺街 99 号

人民东方图书销售中心 电话:(010)65250042 65289539

版权所有·侵权必究

凡购买本社图书,如有印刷质量问题,我社负责调换。

服务电话:(010)65250042

顾问委员会

顾问委员会主任：李君如

顾问委员会副主任：张孝德　黄宗华

顾问委员会成员：庞元正　周宏春　严　耕　吕松涛

　　　　　　　　徐蕴峰　王春益　吴世平　胡勘平

　　　　　　　　张雅静　汪太华

序

党的十八大把生态文明建设作为"五位一体"总体布局的重要组成部分，十八届五中全会进一步把"绿色发展"作为"十三五"创新、协调、绿色、开放、共享五大发展理念之一。这是新常态下准确把握我国经济社会发展新要求和人民群众新期待，实现中华民族伟大复兴中国梦的重大战略抉择。

生态文明是人类迄今可以预期的新型文明形态，生态文明建设是一个需持之以恒为之奋斗的大业，需要制度创新、科技创新和理论创新，需要吸收人类一切优秀文明成果。中国是生态文明建设的积极倡导者和实践者。推进生态文明，建设美丽中国，既顺应了人类文明的发展潮流，又契合了中国转型发展的社会现实；既是对以往工业化发展模式的扬弃和超越，探索人与自然和谐发展，实现经济效益、社会效益和生态效益的内在统一，也是满足人民群众对天蓝、地绿、水净美好家园的热切期盼，走生产发展、生活富裕、生态良好的文明发展道路。

建设生态文明是一场全方位、系统性、根本性的绿色变革，必然带来生产方式、生活方式、思维方式和价值观念的深刻调整。十九大报告指出，我国社会主要矛盾已经发生转化，我国的生态文明建设也需要坚持以满足人民对美好生活的需要为导向，牢固树立"绿水青山就是金山银山"的意识，用整体思维深化对"山水林田湖草是一个生命共同体"的理解，用协同思维深化对"发展和保护相统一理念"的理解，用辩证思维深化对"尊重自然、顺应自然、保护自然"的理解，用市场思维深化对"自然价值和自然资本理念"的理解，用底线思维深化对"空间均衡理念"的理解。

建设生态文明既要坚持理念先行，更要强化制度保障。十九大报告提出要建立、健全、构建、优化的对生态环境进行系统治理的多个新的体系。如："建立健全绿色低碳循环发展的经济体系""构建清洁低碳、安全高效的能源体系""建立以国家公园为主体的自然保护地体系""优化生态安全屏障体系""构建生态廊道和生物多样性保护网络"，等等。同时，十九大报告还强调，"加快建立绿色生产和消费的法律制度和政策导向""健全耕地草原森林河流湖泊休养生息制度""提高污染排放标准，强化排污者责任，健全环保信用评价、信息强制性披露、严惩重罚等制度""构建国土空间开发保护制度，完善主体功能区配套政策"，等等。实践业已证明，只有实行最严格的制度、最严密的法治，才能遏制种种基于利益冲动对生态环境的破坏，为生态文明建设提供可靠保障。

自生态文明的概念提出以来，各个领域的专家学者在生态文明的内涵、哲学基础、历史渊源，以及生态文明与可持续发展、生态文明与制度建设、生态文明与道德文化、生态文明与资源环境保护等方面进行了深入研究和广泛探讨，取得了可喜的成果，生态文明理念与理论体系逐渐确立和形成并不断深化和完善。中央党校赵建军教授近年从事高中级领导干部生态文明建设、绿色发展领域的讲课和相关领域的学术研究，已有许多研究成果问世。《如何实现美丽中国梦 生态文明开启新时代》就是解读十八大以来我国推进生态文明建设、实施绿色发展理论和实践的一部代表作。该书汲取了十八大以来党和国家在生态文明建设领域取得的新进展和新成就，在理论和实践上进行了新的解读和诠释，是一部值得期待的好读本。

建设美丽中国、实现永续发展，是中华民族绿色崛起的梦想，只要我们共同坚持生态文明主流价值观，开拓创新，扎实工作，这个梦一定会实现。

第十一届全国政协副主席
中国生态文明研究与促进会会长 陈宗兴

2018 年 5 月 20 日

自序：生态文明建设是一项只有起点 没有终点的世代工程

习近平总书记在第八次全国生态环境保护大会上提出："生态文明建设是关系中华民族永续发展的根本大计。"党的十八大以来，在以习近平同志为核心的党中央坚强领导下，我们开展了一系列根本性、开创性、长远性的工作，推动我国生态环境保护从认识到实践发生了历史性、转折性、全局性变化。当前，生态文明建设正处于压力叠加、负重前行的关键期，已进入提供更多优质生态产品以满足人民日益增长的优美生态环境需要的攻坚期，也到了有条件有能力解决生态环境突出问题的窗口期。进入新时代，生态文明建设作为"五位一体"总体布局的重要组成部分，对于形成绿色发展方式和生活方式，实现美丽中国目标，其地位、重要性日益凸显。

人类文明经历了原始文明、农耕文明和工业文明。在一定程度上，工业文明可以看作是人类征服自然所创造的文明，人类生产能力达到前所未有的释放，同时全球性的环境问题也使得这种文明形态难以为继。臭氧层损害，全球气候变暖，生物多样性锐减，空气、水质、土壤污染等一系列的全球性环境问题开始全面爆发，人与自然的冲突和危机不断升级。面对日益严重的生态问题，变革工业文明的发展方式，实现人与自然和谐成为国际社会的共识。工业社会之后，人类文明与社会形态如何走向，生态文明作出了历史性回应。生态文明是工业文明发展到一定阶段的产物，生态文明以实现人与自然和谐共生为目标，融合经济价值、生态价值与人的价值，在自然环境可承载的范围内实现经济社会的可持续发展。

生态文明建设是事关中华民族伟大复兴、永续发展的伟大工程，是只有起点没有终点的世代工程。新中国成立，特别是改革开放以来，我们党和国家领导人高度重视生态文明建设。二十世纪八十年代初，我国就将环境保护工作提高到基本国策的战略地位，制定出台了一系列治理环境的政策法规。2007 年正式将生态文明建设写进十七大报告，提出"建设生态文明，基本形成节约能源资源和保护生态环境的产业结构、增长方式、消费模式"；十八大报告再次论及"生态文明"，并将其提升到"五位一体"的战略层面，提出建设生态文明是实现中华民族永续发展的"长远大计"；十九大报告将建设生态文明提升为"千年大计"，在第八次全国生态环境保护大会上，习近平进一步强调生态文明建设是关系中华民族永续发展的"根本大计"。从"长远大计"到"千年大计"再到"根本大计"的论述可以看出，建设生态文明、实现美丽中国已经成为我们党和国家的战略目标与努力方向，生态文明建设是只有起点，没有终点的世代工程。

在新的历史时期，我国的生态文明建设既要立足国内又要放眼世界。当前，我国社会主要矛盾已经发生转化，我国的生态文明建设也需要坚持以满足人民对美好生活的需要为导向，牢固树立"绿水青山就是金山银山"的意识。在新发展理念的指引下探索新的发展路径，才能实现建成富强民主文明和谐美丽的社会主义现代化强国的新目标。同时，面对制约我国当前经济社会发展的生态环境问题，生态文明建设具有极其重要的现实意义，而且对实现中华民族永续发展也具有极其深远的历史意义。我国的生态文明建设也要为携手共建地球美好家园做贡献，要进一步参与到全球生态治理之中，成为全球生态文明建设的重要参与者、贡献者、引领者，为世界的环境保护和生态修复贡献东方智慧和"中国方案"。

我国正处在决胜全面建成小康社会，努力夺取新时代中国特色社会主义的伟大胜利的关键时期，生态文明建设成为这个关键时期的关键问题。生态文明建设全面融入经济、政治、文化、社会建设全过程，不仅可以破解经济社会发展过程中所面临的资源与环境难题，更成为实现中华民族伟大复兴的中国梦的重要内容。建设生态文明，实现美丽中国，坚持人与自然和谐共生，已经成为新时代坚持和发展中国特色社会主义的基本方略的重要组成部分。我们有理由相信，经过全国人民的不懈努力，到 2035 年我们一定能够达到"生态环境根本好转，美丽中国目标基本实现"，到 21 世纪中叶，我们也一定能够"把我国建成富强民主文明和谐美丽的社会主义现代化强国"。

赵建军

2018 年 5 月 20 日

目 录

前　言

　　当前，国内外形势正在发生深刻复杂的变化，我国正处在决胜全面建成小康社会，努力夺取新时代中国特色社会主义伟大胜利的关键时期。生态文明建设是这个关键时期的关键问题。生态兴则文明兴。生态文明建设是从宏大历史叙事角度对人类文明更替的一个重要判断，是我国超越中等发达国家陷阱，解决经济社会发展中所面临问题的一个重要途径。建设生态文明，实现美丽中国，坚持人与自然和谐共生，已经成为新时代坚持和发展中国特色社会主义基本方略的重要组成部分。

　　十九大报告指出，我国社会主要矛盾已经发生转化，我国的生态文明建设也需要坚持以满足人民对美好生活的需要为导向，牢固树立"绿水青山就是金山银山"的意识，在新发展理念的指引下探索新的发展路径，才能实现建成富强民主文明和谐美丽的社会主义现代化强国的新目标。同时，生态文明建设，要立足国内放眼世界。面对制约我国当前经济社会发展的生态环境问题，生态文明建设具有极其重要的现实意义，而且对实现中华民族永续发展也具有极其深远的历史意义。我国的生态文明建设也要充分顾及对全球生态环境的影响，要进一步参与到全球生态治理之中，成为全球生态文明建设的重要参与者、贡献者、引领者，为世界的环境保护和生态修复贡献东方智慧和"中国方案"。

另外,党的十九大首次提出实施乡村振兴战略。乡村振兴是一个多角度、深层次的复杂问题,不只是经济的发展,更要兼顾社会、文化和生态环境等方方面面。因此,生态文明建设成为乡村振兴战略的重要组成和抓手。

2018 年 5 月 18 日至 5 月 19 日,习近平总书记出席全国生态环境保护大会并发表重要讲话,提出新时期生态文明建设的"六大原则",成为指导打好污染防治攻坚战、全面加强生态环境保护、推进生态文明、建设美丽中国的指导思想、力量源泉和行为遵循。

可以说,十九大之后推进生态文明建设,实现美丽中国被提升到前所未有的重要战略高度。本书从"新战略""新理念"出发,直面"新挑战",探索具有生态文明建设的"新路径"与"新价值"。我们有理由相信,经过全国人民的不懈努力,到 2035 年我们一定能够达到"生态环境根本好转,美丽中国目标基本实现",到 21 世纪中叶,我们一定能够"把我国建成富强民主文明和谐美丽的社会主义现代化强国"。

第一章 新高度：开启社会主义生态文明新时代

一、十八大报告吹响了生态文明建设的号角

十八大报告把生态文明建设提升到了前所未有的高度，上升到了国家战略层面。生态文明建设第一次作为专门的部分提出来，并将其与经济建设、政治建设、文化建设、社会建设并列，构成中国特色社会主义事业"五位一体"的总体布局。这是在中国共产党历届代表大会工作报告中的第一次。生态文明建设战略地位的提升，标志着中国共产党对中国特色社会主义事业发展规律认识的进一步深化。

（一）生态文明建设战略地位提升的背景

在一段时期，各地高度重视经济建设，快速做大了社会财富蛋糕，显著提升了人民生活水平，但同时也带来一些不良后果。表现在生态层面，就是土地、水、能源等资源约束愈发趋紧，生态环境的承载力愈显脆弱。生态环境的破坏，最终损害的是人民群众的根本权益。面对发展引起的经济、社会、资源、环境等一系列问题，人们越来越清醒地意识到：让人民群众过"一手拎着钱

袋子、一手提着药罐子"的日子不是真正的小康社会；污染严重、没有蓝天白云和青山绿水的城市不是幸福之城；传统经济发展方式已难以为继，走人与自然、经济与生态和谐发展的道路势在必行。

应当看到，现代化的率先实现是资本主义对人类文明的一大贡献，同时资本价值观的形成和强化也是现代文明一切问题的总根源。资本价值观追求的是利润最大化，背离了自由、平等、博爱的精髓。历次经济危机以及近期爆发的金融危机和欧洲债务危机都是资本价值观的结果。

同样，中国在改革开放进程中，深受资本价值观的影响，不仅引发了生态环境问题，也造成了社会的不和谐等一系列问题。农耕社会持续了5000年依然生命力强大，而工业社会不过300年光景就走进死胡同。解决问题需要我们反思自己的行为，我们虽然不能走回中世纪田园牧歌式的场景中，但我们需要摒弃对自然的贪婪和索取行为，需要放下人的尊贵，需要人与自然和谐相处。人与自然不存在统治与被统治、征服与被征服的关系，而是相互依存、和谐共处、共同促进的关系。人类的发展应该是人与社会、人与环境、当代人与后代人的协调发展。人类的发展不仅要讲究代内公平，而且要讲究代际之间的公平，即不能以当代人的利益为中心，甚至为了当代人的利益而不惜牺牲后代人的利益。

因此，把生态文明建设提升到战略高度，是顺应世界发展潮流的结果，也是解决当下中国发展中存在的一系列问题的必然选择。

（二）生态文明建设战略地位提升的轨迹

在历届党代会的工作报告中，最早蕴含生态文明思想的是十六大报告，十七大报告第一次明确提出"生态文明"这个词，十八大报告第一次将"生态文明建设"作为专门的部分提出来。

十六大关于生态文明建设思想已有阐述。2002年，党的十六大将"可持续发展能力不断增强，生态环境得到改善，资源利用效率显著提高，促进人与自然的和谐，推动整个社会走上生产发展、生活富裕、生态良好的文明发展之路"列为全面建设小康社会的四大目标之一。生态文明的思想已经蕴含其中，但当时还没有用生态文明这个词汇。

十七大对生态文明建设有明确阐述。2007年，党的十七大提出："建设生态文明，基本形成节约能源资源和保护生态环境的产业结构、增长方式、消费模式。循环经济形成较大规模，可再生能源比重显著上升。主要污染物排放得到有效控制，生态环境质量明显改善。生态文明观念在全社会牢固树立。"将建设生态文明列为全面建设小康社会的五大目标之一。十七大不仅明确提出了生态文明这个词，而且从国家整体建设高度提出生态文明建设理念，提出在全社会树立生态文明理念。

中国共产党人从不断的实践中认识到，生态环境是人类社会发展中的重要根基，"先污染后治理"的发展模式行不通。只有大力发展生态文明建设，正确对待经济发展和环境保护之间的关系，才能实现经济社会的永续发展，实现中华民族的伟大复兴。

（三）十八大报告对生态文明建设的概括

十八大报告第八部分的主题就是"大力推进生态文明建设"。关于生态文明建设有很多新概括，不仅是对以往生态文明建设的总结和提升，更是对今后一段时期生态文明建设的方向性指导。

1. 一个定性

"建设生态文明，是关系人民福祉、关乎民族未来的长远大计"。这就是说，如果生态文明搞不好，人民的幸福、民族的未来都无从谈起。建设生态文明是做好一切工作的前提，是发展中不能跨越的底线。

2. 两个愿景

"努力建设美丽中国、实现中华民族永续发展"。美丽是一个非常感性的字眼，被写进了十八大报告，建设美丽中国，这是中国共产党对人民期望过上美好生活的一个回应。没有美丽中国哪来美好生活？我们建设小康社会，不仅是丰衣足食，而且要有一个很舒适的、很优美的、天人合一的生活环境、生活家园。不仅我们要有一个美好的家园，而且我们的子孙后代也要有一个美好的家园。

图 1-1　内蒙古兴安盟阿尔山国家森林公园

3. 三大发展

"推进绿色发展、循环发展、低碳发展"。从 2010 年的第二季度开始，我国已经成为世界第二大经济体，这么大的盘子，它需要消耗大量的资源、能源作为支撑。而我国的经济增长方式在很多方面还是粗放式的，还是高能耗、高排放、高污染的，这严重破坏了生态。不把经济发展方式转为低碳化的、循环的、绿色的发展模式上来，不可能实现生态文明。

4. 四大任务

"优化国土空间开发格局；全面促进资源节约；加大自然生态系统和环境保护力度；加强生态文明制度建设"。其中，特别值得关注的是第四项任务。十八大报告要求，要把资源消耗、环境损害、生态效益纳入经济社会发展评价体系，建立体现生态文明要求的目标体系、考核办法、奖惩机制。这意味着生态文明不再仅仅是一种指导观念，它还将成为各级政府绩效考核的一个关键性指标，其对各级政府的实际约束会越来越强。

5. 五位一体

"落实经济建设、政治建设、文化建设、社会建设、生态文明建设五位一体总体布局"。十八大报告提出这五位一体的格局，而且特别强调要把生态文明建设融入其他四大建设。这里面所谈的虽然是五位一体，但生态文明建设是一个底线，是一个前提性、基础性的条件。我们在搞经济建设、政治建设、文化建设、社会建设时，都有一个前提，都有一个不可逾越的底线，那就是不能影响生态文明建设。比如，衡量一个新项目好不好，就要看它是否触及了这个底线；衡量一届政府好不好，不能只看经济发展，还要看是否破坏了环境。

对生态文明建设做了新概括和全面部署，这是党的十八大报告的重大创新。推进生态文明建设，是一个庞大的系统工程，涉及生产方式和生活方式的根本性变革，这对我国社会主义现代化建设提出了更新、更高的要求。

6. 写入党章，开创生态文明建设新局面

党的十八大通过的《中国共产党章程（修正案）》，把"中国共产党领导人民建设社会主义生态文明"写入党章。生态文明建设纳入一个政党特别是执政党的行动纲领，中国共产党在全世界是第一个。将生态文明建设写入党章并作出阐述，使中国特色社会主义事业总体布局更加完善，使生态文明建设的战略地位更加明确，有利于全面推进中国特色社会主义事业。

生态文明建设写入党章，折射党臻于成熟，彰显大国大党对人类未来所担当的责任。生态环境是人类生存之本、发展之基。生态文明建设处于前所未有的突出位置，丰富和升华了实现现代化的目标，是改革开放四十年来的实践得出的新理论、新认识、新智慧。针对环境、生态、资源等实际问题越来越突出的新形势，我国必须按照科学发展观全面协调可持续发展的要求，处理好经济与发展和人口、环境、生态资源之间的关系。生态文明建设写入党章，对于我国社会主义建设、现代化发展，乃至对整个人类文明进程都具有重要的里程碑意义。

生态文明建设写入党章，探索与实践重新上路。中国人对生态文明的真诚期盼与热切冀望，从没有像今天这样强烈。生态文明建设是人类社会发展的必然选择，也是中国发展的靓丽底色。生态文明建设不仅需要党和政府强有力的政策推动和制度引导，更需要全社会的积极参与。因此，增强全社会的生态意识、忧患意识和责任意识，运用生态文化的影响力，让更多的人积极地参与到维护生态、保护环境中来，进而凝聚全社会的力量，共同推进生态文明建设，不可或缺。现在，蓝图既已绘就，清水绿岸、鱼翔浅底的美丽中国仿佛正向我们迎面走来。

号角既已吹响，行动至关重要。人们期盼，各级党委、政府要

切实转变发展观念，不断总结过去生态建设的经验教训，采取更加果敢和有力的措施，同时在考核办法、奖惩机制等方面进一步加强生态文明制度建设，确保生态文明建设不要仅停留在口号上，而要贯穿到执政理念和实践中。

延伸阅读：

2012 年 11 月 13 日，赵建军教授接受《21世纪经济报道》访谈，提出"生态文明建设有了长效机制和路线图"，欢迎读者扫一扫右侧二维码查看详细报道。

2017 年 1 月 10 日，赵建军教授接受《中国社会科学报》电话采访，就"社会主义生态文明建设迈向新时代"谈论自己的观点，欢迎读者扫一扫右侧二维码查看详细报道。

二、十八大以来生态文明建设成就显著

自党的十八大提出加快生态文明建设并确立"五位一体"的总体布局以来，我国生态文明建设进入快车道，无论在理论创新领域还是在实践探索方面，都取得了令国人骄傲、令世人瞩目的成就。生态文明建设的理论体系不断丰富，建设力度不断加强，制度保障不断完善，生态文明理念深入人心，环境保护合力积聚成形，绿色发展底色日益靓丽。这一切都表明我们党对中国特色社会主义建设规律的认识和实践都达到了一个新的水平。

（一）蹄疾步稳绘就生态文明建设蓝图

生态文明是人类对传统发展方式弊端进行反思的产物，是人类

文明的巨大进步。党的十八大报告提出建设生态文明既顺应时代
潮流又立足现实国情，以实现人与自然的协调发展为目标，以满
足人民的根本诉求为宗旨。走向生态文明新时代，建设美丽中国
成为百姓期待、万众瞩目的共同心愿，成为实现中华民族伟大复
兴的中国梦的重要内容。

十八大报告确立了把生态文明建设作为"五位一体"重要组成
部分的战略格局，从新的历史起点出发，作出"大力推进生态文
明建设"的战略决策，并把绿色发展作为推进生态文明建设的主
要实践方式。2015 年 3 月 24 日通过的《中共中央国务院关于加快
推进生态文明建设的意见》为生态文明建设、绿色发展确立了新
的评价标准和实施领域。同年，党的十八届五中全会确立了实现
"十三五"既定发展目标的五大发展理念：创新、协调、绿色、开
放、共享，为中国"十三五"乃至更长时期的发展描绘出了一幅
可持续发展新蓝图，十九大报告中将生态文明建设提升为"千年
大计"。

可以说，十八大以来，以习近平总书记为核心的党中央高瞻远
瞩，创造性地提出了关于生态文明建设的一系列新理念新思想新
战略，并在实践中取得了突出成就。生态文明建设方略、绿色发
展理念和实践方式、绿色化评价体系，已经构成中国特色社会主
义生态文明思想理论体系的基本架构，生态文明建设事业蓝图已
经绘就，并将为中国从大国走向强国指引方向。

（二）绿色发展理念助力经济社会发展

习近平总书记深刻指出："绿色发展，就其要义来讲，是要解
决好人与自然和谐共生问题。人类发展活动必须尊重自然、顺应
自然、保护自然，否则就会遭到大自然的报复，这个规律谁也无

图 1-2 陕西省延安市梁家河村

法抗拒。"① 绿色发展理念的提出，建立健全了绿色发展政策，有力弥合了理念和行动间的鸿沟，大大促进了生态环境保护的自觉行为。

党的十八大以来，我国不断深化生态文明体制改革，注重厘清各部门间的权责关系，并加快整合分散在各部门的相同职责，这有利于提升绿色发展政策执行效果。五年来我国发改委、工信、财政、税务等部门出台了大量关于促进绿色发展的政策文件，这在一定程度上反映出我国经济绿色转型步伐加快，逐渐形成了一种自发机制。

党的十八届五中全会将绿色发展与创新发展、协调发展、开放发展、共享发展作为新时期的五大发展理念，这是在党的十八大把生态文明建设纳入中国特色社会主义事业"五位一体"总体布局之后的一种理论升华，"这标志着我们对中国特色社会主义规律认识的进一步深化，表明了我们加强生态文明建设的坚定意志和

---

① 《习近平谈治国理政》，外文出版社 2014 年版，第 195 页。

坚强决心"。①

(三) 生态文明制度体系保障美丽中国建设

党的十八大以来，以习近平同志为核心的党中央进一步将生态文明制度建设向前推进，并不断细化，力求建立起系统完备的生态文明制度体系。十八届三中全会通过的《中共中央关于全面深化改革若干重大问题的决定》对生态文明制度体系作了详细的规定，首次提出划定生态保护红线，建立生态环境损害责任终身追究制以及将林业纳入生态文明体制改革的范围等。十八届四中全会通过的《中共中央关于全面推进依法治国重大问题的决定》，将生态文明制度建设提升到依法治国的高度。

此外，2015 年 1 月 1 日修订的《中华人民共和国环境保护法》（被舆论界称为历史上最严格的环境保护法）正式实施，是我国经济由传统发展模式转向新常态的法制保障。2015 年 6 月 30 日中国政府制定应对气候变化的国家自主贡献的文件，确定了到 2030 年的自主行动目标。2015 年 8 月中共中央办公厅和国务院办公厅联合印发了《党政领导干部生态环境损害责任追究办法（试行）》颁布，这是新形势下党中央关于中国特色社会主义生态文明建设的新部署和新实践。2015 年 9 月颁布的《生态环境体制改革总体方案》，涉及六大理念、六大原则和八类制度。十八大以来，"大气污染防治条例"（2014 年）、"水污染防治条例"（2015 年）、"土壤污染防治条例"（2016）等三大污染条例颁布实施，新环保法、主体功能区制度、生态补偿制度、离任审计制度、责任追究制度、约谈制度、巡视制度、垂管制度、干部考核制度、红线制度等陆续出台实施，表明我国生态文明制度体系已经基本建立。

---

① 《习近平谈治国理政》，外文出版社 2014 年版，第 208 页。

习近平总书记指出，深化生态文明体制改革，需要把生态文明制度的"四梁八柱"尽快建立起来，把生态文明建设纳入制度化、法治化轨道。[①] 生态文明制度"四梁八柱"是一项全面而系统的工程，也是一场全方位的变革，具有很强的综合性、系统性，不仅填补了我国美丽中国建设基础性制度的许多空白，还为生态文明建设从整体上搭建了一个系统框架并作出了详尽规划。

图1-3　重庆武隆白马山：茶山林海

（四）力度空前 扎实推进生态民生福祉

"生态福祉"是以生态系统服务功能为基础，能够为主体带来最大幸福和满足体验的一种生活状态[②]。生态福祉概念的中心含义

---

① 中共中央文献研究室编：《习近平关于社会主义生态文明建设论述编要》，中央文献出版社2017年版，第25页。

② ［加］马克·安尼尔斯基：《建立福祉经济学》，《上海师范大学学报》2013年第1期，第6—13页。

是良好的生活状态，是一个包含对生态系统提供的各项服务功能的感知、体验与享用等在内的多元综合概念，既包含了主观和客观两个维度，也包含了物质和非物质两个层面。

十八大以来，我国在环境治理方面继续加大投入力度，持续不断的环境治理，让我们收获了更多的蓝天和绿水。2016 年 74 个重点城市 $PM_{2.5}$ 平均浓度比 2013 年下降 30.6%[①]；我国颁布实施《中国淘汰消耗臭氧层物质国家方案》，制定 25 个行业的淘汰行动计划，关闭相关淘汰物质生产线 100 多条，在上千家企业开展消耗臭氧层物质替代转换，累计淘汰消耗臭氧层物质 25 万吨，占到发展中国家淘汰总量的一半以上，圆满完成《蒙特利尔议定书》各阶段规定的履约任务；《大气污染防治行动计划》（以下简称《大气十条》）和《水污染防治行动计划》（以下简称《水十条》）颁布实施。《大气十条》明确了 2017 年及今后更长一段时间内空气质量改善目标，提出综合治理、产业转型升级、加快技术创新、调整能源结构、严格依法监管等 10 条 35 项综合治理措施，重点治理细颗粒物（$PM_{2.5}$）和可吸入颗粒物（PM_{10}）。《水十条》按照"节水优先、空间均衡、系统治理、两手发力"原则，确定了全面控制污染物排放、推动经济结构转型升级、着力节约保护水资源、强化科技支撑、充分发挥市场机制作用、严格环境执法监管、切实加强水环境管理、全力保障水生态环境安全、明确和落实各方责任、强化公众参与和社会监督等 10 个方面 238 项措施。

习近平总书记强调，在前进道路上，我们一定要坚持从维护最广大人民根本利益的高度，多谋民生之利，多解民生之忧。建设

---

① 《环保部部长陈吉宁出席发布会》，见 http://www.china.com.cn/lianghui/news/2017－03/09/content_40435528.htm。

生态文明，是关系人民福祉、关乎民族未来的长远大计，事关
"两个一百年"奋斗目标和中华民族伟大复兴中国梦的实现。这就
意味着，我们建设的小康社会，不仅要丰衣足食，而且要美丽舒
适。生态文明建设就是在为百姓谋取"生态福祉"。因为环境就是
民生，青山就是美丽，蓝天也是幸福，良好生态环境是最普惠的
民生福祉，最能够提升人民群众的获得感、幸福感。这既是百姓
的期盼，也是党和政府的责任和使命。

延伸阅读：

2012 年 11 月 12 日，赵建军教授接受贵州
新闻联播《建设生态文明 打造美丽中国》采
访，欢迎读者扫一扫右侧二维码查看详细报道。

2015 年 4 月 7 日，赵建军教授接受《中国
环境报》采访，就"绿色化概念新在哪里"谈论
自己的观点，欢迎读者扫一扫右侧二维码查看详
细报道。

三、十九大开启了生态文明建设新征程

十九大报告中对生态文明建设着墨很多，"生态文明"被提及
多达 12 次、"美丽"有 8 次、"绿色"有 15 次，且首次提出建设富
强民主文明和谐美丽的社会主义现代化强国的目标。

（一）首次将"美丽"作为社会主义现代化强国的目标之一

习近平总书记在党的十九大报告中指出："在本世纪中叶建成

富强民主文明和谐美丽的社会主义现代化强国。"① 美丽已经成为社会主义现代化强国的目标之一。推进绿色发展，建设美丽中国，为人民创造良好生产生活环境，提高生态治理现代化能力，构建人类生态命运共同体，成为时代强音。

美丽是人与自然和谐相处生态价值观的生动体现。生态文明摒弃了工业文明对资源能源的过度消耗、对生态环境的强行破坏等，追求生态公平和生态正义，坚持走绿色发展之路。绿色发展是自然之美与人类之美的相生相通、相存相融，是人类生命与自然律动的完美合拍和协调共振，是实现代内公平与代际公平统一的内在要求，是推进生态现代化的必由之路。

美丽是积极适应社会主要矛盾的变化，着力解决好发展不平衡不充分问题的重要标准。大力发展生态文明，积极建设美丽中国，符合人民需求，契合人民期待。必须尊重、顺应和保护自然，以对人民群众、子孙后代高度负责的态度为责任，以美丽为重要尺度，以可持续发展为理念，以循环清洁利用为准则，以低污染、高效率、可持续、集成性和智能化为主要特征，将资源的有限性与发展的无限性结合起来，坚定走生产发展、生活富裕、生态良好的文明发展道路，营造美丽的生活环境，给予人民更舒适的生活体验和更大的获得感，实现美丽中国梦。

（二）生态文明建设成为解决社会主要矛盾的新抓手

社会的主要矛盾是推动社会进步的主要动力。准确判断社会主要矛盾，是制定国家发展方略的重要基础，也是各项工作深入开展的现实需要。党的十九大指出，我国社会主要矛盾已经转化为

---

① 《决胜全面小康社会 夺取新时代中国特色社会主义伟大胜利——在中国共产党第十九次全国代表大会上的报告》，人民出版社 2017 年版，第 17 页。

图 1-4 河北塞罕坝的野生动物

人民日益增长的美好生活需要和不平衡不充分展之间的矛盾。这是我国发展新的历史方位的理论基础和实践要求，标志着我国发展新的历史方位，也是生态文明建设的历史壮举。生态文明建设事关"两个一百年"奋斗目标，也是实现中华民族伟大复兴的重要组成部分。习近平在主持十八届中央政治局第六次集体学习时指出："保护生态环境就是保护生产力，改善生态环境就是发展生产力。"① 生态文明建设全面融入社会建设、政治建设、经济建设与文化建设，成为解决社会主要矛盾的新抓手。

应该看到，这次对于社会主要矛盾的再认识是我们党站在全面建成小康社会的新的历史时期，对国情、社情所作出的全面思考与科学判断，是对当前及今后一段时期制定我国经济社会发展重大战略决策的理论依据。在中国特色社会主义建设的新的历史时

---

① 中共中央宣传部：《习近平总书记系列重要讲话读本》，北京学习出版社 2016年版，第 45 页。

期，党和国家的重大方针路线的制定必然围绕解决社会需求从"数量不足"转变为"质量欠佳"的问题，改善发展过程中的不平衡与不充分问题。生态文明建设，以构建人与自然、社会整体和谐为价值取向，突破经济发展与环境保护之间的现代化困境，必然成为解决新的社会主要矛盾的一个重要途径，成为国家发展的重大战略目标。

首先，发展不充分问题的解决需要转变绿色发展的动力机制。近几年国家经济增速放缓，主要原因是发展阶段发生了根本性的改变。这需要将过去自然价值支撑的经济增长模式，转变为与生态持续性、经济持续性、社会持续性相适应、相联系的新发展模式。这种转变以技术创新、制度创新、文化创新的模式推动质量变革、效率变革从而转变全要素生产率。其次，发展不平衡的问题需要绿色、协调的发展观念的转变。在经济飞速发展的阶段，发展的不平衡是难以避免的，也是经济发展的必然趋势。把生态文明建设纳入我国"五位一体"的总体布局中，就是要解决上述发展的不平衡问题，生态文明建设中的生态可持续性要求经济增长与环境保护之间的平衡，经济可持续性要求当前发展与长远发展、当代发展与后代发展之间的平衡，社会可持续性要求地区之间、国家之间的发展平衡。因此，要正确地认识社会主要矛盾的转变，也要全面的理解生态文明内涵，让生态文明建设成为解决社会主要矛盾的新抓手。

（三）生态文明建设写入宪法成为环境保护的国家意志

2018 年 3 月 11 日，十三届全国人大一次会议第三次全体会议表决通过了《中华人民共和国宪法修正案》，将生态文明历史性地写入宪法，此举意味着生态文明建设具有了更高的法律地位，拥有了更强的法律效力。生态文明继写入党章后又写入宪法，是让生态文明的主张成为国家意志的生动体现。

这次宪法修正案共有 21 条，其中涉及生态文明建设的内容是此次修改宪法的突出亮点。具体有以下五个部分：一是增写"贯彻新发展理念"的要求。二是"推动物质文明、政治文明和精神文明协调发展"修改为"推动物质文明、政治文明、精神文明、社会文明、生态文明协调发展"。三是"把我国建设成为富强、民主、文明的社会主义国家"修改为"把我国建设成为富强民主文明和谐美丽的社会主义现代化强国，实现中华民族伟大复兴"。四是"国务院行使下列职权"中第六项"（六）领导和管理经济工作和城乡建设"修改为"（六）领导和管理经济工作和城乡建设、生态文明建设"。五是增写"推动构建人类命运共同体"的要求。

让生态文明通过宪法上升为国家意志，是宪法不断适应新形势、吸纳新经验、确认新成果、作出新规范的具体表现，也是未来努力建设美丽中国、实现中华民族永续发展的大势所趋和客观需要，是践行习近平新时代中国特色社会主义思想的重要体现。同时，将生态文明写进国家的根本大法，有利于生态文明建设进一步融入政治建设、经济建设、文化建设、社会建设，全方面、全过程的展开生态环境保护工作，让新发展理念推动我国经济水平高质量、高水平的提升，也彰显了中国致力于人类命运共同体的大国智慧，使中国成为全球环境保护事业的重要参与者、贡献者、引领者，不断为创造人类的美好未来作出新的贡献。

宪法的生命力在于实施。我国关于环境保护和自然资源资产管理的相关制度逐渐完善，并且在绿色发展、环境友好、资源节约、生态修复等方面取得明显成效，也发挥了重要的保障作用，但是仍有部分相关法律与国家生态文明建设的相关目标和要求不相符，出现法律执行、监管滞后，相关法律之间的协调性不足等问题。

近期来看，仍需进一步修订环境保护相关法律条文，将环保督查、区域环保等有助于形成我国环保事业系统开展的内容进一步完善，让宪法真正起到根本大法的重要作用，让环境保护的国家意志进一步彰显。

（四）乡村振兴战略成为农村生态文明建设的新方向

十九大报告中高度重视"三农"工作，提出坚持农业农村优先发展，实施乡村振兴战略。这是党中央着眼于全面建成小康社会、实现中华民族伟大复兴而提出的重大决策，也是对农村价值的再判断。乡村振兴不仅是对乡村经济的建设，也是统筹经济、文化、生态等全方位的发展，其中生态文明建设应该起到统领作用，从生产和生活方式入手引领乡村的绿色革命。

以生态文明引领乡村振兴，是解决我国新时期乡村发展的根本需求。十九大报告指出，我国社会主要矛盾已经转化为人民日益增长的美好生活需要和不平衡不充分的发展之间的矛盾。就农业农村发展而言，主要矛盾的变化意味着人民从之前的解决温饱问题转变为对美好生活、美丽生态的期盼。同时，也意味着要努力发展农村生产力、改善乡村发展中面临的多种不协调、不平衡，按照产业兴旺、生态宜居、乡风文明、治理有效、生活富裕的总要求，加快推进农村现代化建设。

以生态文明引领乡村振兴，是实现农业生产方式绿色化的重要路径。绿色发展是实现生态文明建设的重要途径，农业生产方式绿色化同样是建立在尊重乡村发展规律、保持乡村原貌的基础之上的生产力的提升。一方面要保持乡村经济的旺盛活力，另一方面要融合乡村自身特性与可持续发展理念，在遵循生态规律的基础上实现农村生活的经济宽裕、生活便利、和谐有序。因此，农村的发展要做到生态效益、社会效益、经济效益相统一，既要发展乡村生产力也要保护好绿水青山和清新清净的田园风光。

以生态文明引领乡村振兴，是推进农村生活方式绿色化的价值引领。党的十八大以来，"美丽乡村"建设成为"美丽中国"总体部署的重要组成部分。农村的综合整治是一项系统性工程，也是近年来国家高度重视的重要领域。由于广大农村居民尚未形成良好的生态意识和生活习惯，所以农村生活方式的绿色转型困难重重。按照"因地制宜、多能互补、综合利用、共建共享"的原则，引导农村居民转变能源利用方式、实现生活方式的可持续循环发展，要多途径、多方式引导村民绿色生活方式，例如垃圾分类清运、污水合理处理，进一步加强生态保护力度和污染防治力度，营造生态宜居的良好环境。

延伸阅读：

2012 年 12 月 27 日，赵建军教授接受 CCTV 焦点访谈《数说美丽中国》采访，欢迎读者扫一扫右侧二维码查看详细报道。

相关链接：

2018 年 4 月 26 日，央视新闻联播作了题为"浙江：小处着手 绘就美丽乡村新画卷"的报道，介绍浙江美丽乡村建设的过程，欢迎读者扫一扫右侧二维码观看视频。

第二章 新理念：生态文明建设的思想高地

一、新文明观：生态兴则文明兴，生态衰则文明衰

2003 年，时任浙江省委书记的习近平同志在《求是》杂志上发表署名文章《生态兴则文明兴——推进生态建设打造"绿色浙江"》，文章指明生态文明建设是"保护和发展生产力的客观需要""社会文明进步的重要标志"。2013 年 5 月，习近平总书记在中央政治局第六次集体学习中，再次重申这一科学论断，准确回答了生态与文明之间的辩证关系，阐明了生态文明建设在社会发展中的重大意义。

（一）生态是文明之基

生态（Eco—）一词源于古希腊字 οικos，原意指"住所"或"栖息地"。简单来说，生态就是指一切生物的生存状态，以及生物之间、生物与环境之间环环相扣的关系。文明有着丰富的释义，《周易》最早记载"见龙在田，天下文明"，所描述的是远古农耕祥和的美好景象。唐代孔颖达注疏《尚书》时解释："经天纬地曰

文，照临四方曰明。""经天纬地"是指改造自然，创造物质文明；"照临四方"是指驱逐愚昧，创造精神文明。《说文解字》论述道："文，错画也，象交也""明，照也"。亦有驱赶落后愚昧，照亮人的精神世界之意。清代李渔《闲情偶寄》中的"辟草昧而致文明"讲的实则就是社会整体面貌的进步、开化的状态。在西方国家，"文明"发轫于古希腊"城邦"一词，拉丁语"civitas"是现代文明概念的起源，含有"公民的""有组织的"之意。英国历史学家阿诺尔德·J. 汤因比把文化的发展过程称为"文明"，他认为文明的发展可以划分为起源、生长、衰落、解体和灭亡五个阶段，文明在人类成功应对各种挑战的实践中起源和生长，一个社会应对环境挑战的成功与否直接决定了这个社会文明的繁荣与衰亡。1964 年版的《英国大百科全书》中称："文明的内容包括语言、宗教、信仰、道德、艺术和人类思想与理想的表述。"1978 年版的《苏联大百科全书》中称："文明是社会发展、物质文化和精神文化的水平和程度。"从字面解释可以看出，生态是承载文明发展的基础，文明是在生态基础上发展起来的，人类的发展历程无疑确证了这一点。

生态兴则文明兴，生态衰则文明衰，这是不以人的意志为转移的规律。人类文明是从砍倒第一棵树开始，到砍倒最后一棵树结束，这句话简明扼要地说明了这一规律。春秋时期的《管子·立政》也早有类似记载，"草木不植成，国之贫也""草木植成，国之富也""行其山泽，观其桑麻，计其六畜之产，而贫富之国可知也"。细数人类历史上曾经创造无数辉煌的古中国、古巴比伦、古埃及、古印度等文明古国，无不发轫于水草丰美、森林茂密、生态良好的地区，这绝非偶然，而是具有规律性和必然性的。良好的生态环境为人类文明的形成和发展提供了必要的生存环境和物质基础。古代人类抵御自然灾害的能力极为薄弱，在环境恶劣的地区，生存尚且堪忧，遑论创造文明。良好的生态环境在庇护人类生存的同时，为人类的实践和创造提供给了充要条件。正如《人类环境宣言》中所写："环境给予人以维持生存的东西，并给他提供了在智力、道德、社会和精神等方面获得发展的机会。"

在随后的人类发展史上，文明发源地的生态转衰，给几大文明带来致命的打击，文明湮灭在其发源之地。人类为了进一步发展，过度开垦和拓荒，全然不顾生态环境的恢复与发展，致使森林锐减、土地沙化、洪水泛滥、气候失调……生态环境被恣意破坏，它所支持的生活和生产也必然难以为继，最终导致文明的衰落或转移。诚如恩格斯在《自然辩证法》中所说："美索不达米亚、希腊、小亚细亚以及其他各地的居民，为了得到耕地，毁灭了森林，但是他们做梦也想不到，这些地方今天竟因此成了不毛之地。"①一枝独秀的中华文明在历史上也上演过这样的悲剧，昔日"丝绸之路"上号称"塞上江南"的楼兰古国，如今早已淹没在大漠黄沙之中。

（二）生态环境是最基本的生产力

2013 年 5 月 24 日，习近平总书记在十八届中央政治局第六次集体学习时强调，要正确处理好经济发展同生态环境保护的关系，牢固树立保护生态环境就是保护生产力、改善生态环境就是发展生产力的重要理念。这一重要论述蕴含着生态环境与生产力之间的密切关系，阐释出一个朴素而又深刻的道理——生态环境也是生产力。人们对于生产力的认识和理解是不断发展、与时俱进的。法国经济学家魁奈在 18 世纪首次使用"生产力"的概念，他认

---

① 《马克思恩格斯选集》第 3 卷，人民出版社 2012 年版，第 998 页。

为："……大人口和大财富则可以使生产力得到发挥。"① 这里说的生产力实际指的是土地生产力。随后，亚当·斯密、李嘉图等人在此基础之上提出了"劳动生产力"的概念。马克思和恩格斯对生产力本质的理解也是逐步成熟的，《德意志意识形态》中说道："任何新的生产力，只要它不是迄今已知的生产力单纯的量的扩大（例如，开垦土地），都会引起分工的进一步发展。"② 还说道："组织共同的家庭经济的前提是发展机器，利用自然力和许多其他生产力，例如自来水、煤气照明、蒸汽采暖等，以及消灭城乡之间的对立。没有这些条件，共同的经济本身将不会再成为新生产力。"③ 由此观之，马克思对生产力的考察是与自然、与生产关系联系在一起的。中国化的马克思主义继承马克思生产力思想的优秀基因，认为马克思主义的生产力概念是自然生产力和社会生产力的总和，特别强调保护环境就是保护生产力，改善环境就是发展生产力。

自然生产力是最基本、最富有创造性的生产力。④ 一方面，自然是人类文明创造和发展的基础，自然创造了包含人类本身在内的人类文明。1991 年，科学家们在美国的亚利桑那州建造了一座占地 1.28 公顷的微型人工生态循环系统——"生物圈 2 号"。这个试图探究地球生物圈自然系统运作的封闭式人工生态系统，最终以氧气循环、碳循环、水循环失衡而告终。这充分说明，自然的复杂运作远非我们想象得那样简单，自然的创造远非人类所能企

---

① ［法］魁奈：《魁奈经济著作选读集》，吴斐丹、张草纫译，商务印书馆 2009 年版，第 74 页。
② 《马克思恩格斯选集》第 1 卷，人民出版社 2012 年版，第 147 页。
③ 《马克思恩格斯选集》第 1 卷，人民出版社 2012 年版，第 197 页。
④ 严耕：《生态环境是双重生产力》，《中国三峡》2013 年第 11 期。

图 2—1　贵州省锦屏文书楼

及。另一方面，自然生产力为社会生产力提供了两个自然富源：
一是"生活资料的自然富源"，二是"劳动资料的自然富源"。人
类生产是在自然创造基础上的一种再创造。没有这两个富源，一
切社会生产活动都根本无法开展。这些自然富源，长期被认为是
自然对人类的恩赐，从来未被计入财富总量。但不可否认的是，
没有这些自然财富，其他所谓的财富也都成了无源之水、无本
之木。

　　工业革命之后，人类在大规模开发、改造自然的过程中，忽略
了对生态生产力的呵护，导致生态环境不断恶化。马克思就曾深
刻地指出，城市和农村分离，对地力的掠夺性剥削和滥用，造成
了人和土地的物质代谢出现"无法弥补的裂缝"。全球生态环境恶
化的根本原因是人类对自然资源过度索取又很少给予，以致生态
系统长期超载运行，日渐衰退，失去平衡，可谓"元气大伤"。同
时，生态环境的恶化也严重影响了社会生产力的实现和发展。要
使生态环境发挥最大的生产力，需要让生态系统休养生息，注重

生态环境的恢复与建设，让其继续发挥生产力作用，让其为人类源源不断地提供清新的空气、洁净的水和没有污染的土壤等生态产品，这成为当前和今后一个时期我国生态文明建设的主要任务。

（三）生态文明是人类文明发展的必然选择

迄今为止，人类文明经历了原始文明、农业文明、工业文明三个阶段。考古发现，在人类生存和繁衍的 10 万年间，原始文明几乎占据了全部——长达 9.5 万年，农业文明约占 4700 年，工业文明只有 300 多年的历史。工业文明在创造巨大的物质和精神财富的同时，也给人类赖以生存的地球造成了严重的破坏，迫使人们开始思考人类文明未来的走向。

1. 人类文明形态的历史演进

原始文明。在原始文明中，人类通过采集野果、狩猎野兽、捕鱼等方式直接从自然环境中获取维持生存的产品，因此原始文明也被称为渔猎文明。在强大的自然面前，人类无力去改造自然，只能依附、匍匐在自然脚下，遵循自然界的生存法则，如其他动物一样，挣扎在自然系统食物链的某个环节。在原始社会中，人类已经开始与自然发生交互作用，人类从自然界获取食物，人类的行为通过食物链的信息传递反馈于自然，只是二者力量过于悬殊，以致呈现出自然单向支配人类的景象。原始人头脑中关于人与自然的关系的认识也还处于朦胧、混沌的状态，人类对图腾的崇拜、对神话的想象便是确证。可以说，在原始文明中，人类对自然是一种单向的依附关系。人类逐水而居、竭泽而渔，毫无节制的生活方式使人类不得不为了新的水源和食物而不断迁徙。一次次的迁徙对自然环境造成了一定的破坏，但造成的破坏完全在自然系统的自我修复能力之内。同时，在不断的迁徙和实践中，人类发现迁徙不能从根本上解决生存问题，人们开始尝试新的生活方式。大约在新石器时代，人类掌握了驯养动物、种植作物的技术，逐渐孕育了伟大的农业文明。

农业文明。从原始文明到农业文明是人类文明发展的一次重大转折。恩格斯和人类学家摩尔根认为，人类真正的文明是从农业文明开始的。从生产力角度看，随着金属农具的产生，尤其是铁制工具的使用，农业社会的生产力得到了极大的提高。畜力耕田、沤制绿肥等农耕技术的发明，再加上人类对风力、水力等的利用，人类改造自然的能力得到极大的增强。在劳动对象上，也摆脱了对自然界"现成产品"的直接依赖，不再仅仅依靠采集和狩猎为生，而是发展农业和畜牧业，开始兴修水利、开垦良田、耕种作物、养殖家禽。在生活方式上，人类摒弃了迁徙的方式，转而选择水草肥美、气候宜人的地域定居，进而繁衍生息，人口规模不断扩大，村落乃至城市也随之产生。在物质文明长足发展的同时，人类也创造了无数瑰丽的精神文明，生动的文字、科学的制度、优美的诗歌、雄伟的建筑等，这些都是人类文明演进中的不朽瑰宝。在农业社会中，人与自然的交互作用变得更为密切，人类在不断的实践和反复的总结中掌握了一定的自然规律，并加以利用来驾驭和征服自然。同时，人类的自然意识也有部分觉醒，反对"竭泽而渔""焚薮而田"，注重保持生态平衡以延续人类发展。

工业文明。近代工业革命为人类创造了巨大的物质财富，帮助资产阶级真正走上历史舞台。"资产阶级在不到一百年的阶级统治中所创造的生产力，比过去一切时代创造的全部生产力还要多、还要大。自然力的征服，机器的采用，化学在工业和农业中的应用，轮船的行驶，铁路的通行，电报的使用，整个大陆的开垦，河川的通航，仿佛用法术从地下呼唤出来的大量人口，过去哪一

个世纪料想到在社会劳动里蕴藏有这样的生产力呢?"① 从蒸汽机
到电动机，从石油到核能，在近代经典科学技术和理论的指导下，
人类实现了一个个不可思议的奇迹，人类征服和改造自然的能力
有了质的飞跃。随着工业化的发展，人类活动不再局限在陆地和
海洋，几乎延伸到地球的每一个角落，甚至进入了宇宙空间。工
业社会时期人类与自然变成了严重的掠夺与被掠夺的关系，这在
思想观念和物质生产两个层面都有所体现。在精神层面，由于生
产力的迅猛发展，人类由敬畏、崇尚自然向渴望征服、支配自然
转变，人类开始以"征服者"的姿态自居，高呼着"向自然进军"
的口号，人类中心主义的价值观成为工业时代的主流。在实践层
面，资本主义生产方式和制度被认为是生态危机产生的根源。一
方面，资本主义的生产方式追求利润最大化，且不惜以环境为代
价，人类肆无忌惮地向自然索取资源。更为可悲的是，人类将物
质生产所产生的废水、废气、废料排回自然界中，这给自然环境
和生态系统造成了双重破坏。另一方面，资本主义的对外殖民和
扩张将这种生产方式复制到世界其他欠发达地区，进而引发了全
球性的生态危机。由此，人类为了满足自己的物质欲望而忽视自
然的承受和修复能力，水体污染、空气污染、光化学污染、气候
异常、植被破坏、土壤沙化等问题频发，自然资源和生态环境遭
到极其严重的浪费和破坏，同时也严重威胁到人类自身的生存与
发展。

2. 生态文明是人类文明发展的美好前景

首先，人类社会的发展呼唤生态文明。文明反映了人类社会进
步的程度，有广义和狭义之分。与此对应，许多学者认为，生态

---

① 《马克思恩格斯选集》第 1 卷，人民出版社 2012 年版，第 405 页。

文明也具有广义和狭义之分。从广义上来说，生态文明是人类文明发展的一个新的阶段，是继工业文明之后的人类文明形态，它孕育、萌生于工业文明之母体，又是对工业文明的扬弃和超越。狭义上来说，生态文明是人与自然关系的和谐状态，是相对于物质文明、精神文明以及制度文明而言的。进入工业文明后，人类不择手段地追求经济的增长，而这种增长是建立在掠夺自然的基础之上的，人类的活动陷入了"大量生产—大量消费—大量废弃"的恶性循环之中。长此以往，物质资源日益贫乏、自然环境日益恶化、生态系统日益失衡，这严重威胁着人类自身的生存。文明发展的兴衰与正确处理人与自然的关系密切相关，当人类能够友好地利用自然、善待自然，与自然和谐相处时，人类文明朝着繁荣发展；反之，文明将无法逃脱衰落的宿命。所以有学者指出，工业文明的历史使命已经完成，人类文明的持续发展需要在一个新的时空、新的模式中展开。

其次，生态文明是不同于以往文明的新的人类文明形态。生态文明具有以往文明不可比拟的优越性。生态文明汲取了原始文明、农业文明亲近自然的特点，同时又继承了工业文明的科学技术、民主法制等积极成果，是一种更高级、更复杂的文明，是人类发展的必由之路。以经济发展为例，生态文明所倡导的是以资源的合理利用和再利用为核心的循环发展模式，以生态学规律来指导人们的经济活动，既不同于农业文明的低技能、低效益、低水平，又摒弃了工业文明的高生产、高能耗、高浪费，力求按"资源—产品—废物—再生资源—再生产品"的良性循环模式来发展经济，实现生态文明的低消耗、高效益、低污染，从而在根本上解决人类发展和自然环境之间的尖锐矛盾。

最后，中国正在积极引领全球生态文明建设。我国人口众多，是人均资源贫国，在现代化发展道路上未能成功避免资本主义国家的卡夫丁峡谷，正面临着严峻的资源和环境挑战。但是，中国及时认清形势，在生态文明建设领域作出战略调整。党的十七大提出"建设生态文明"的伟大号召以来，全党全国进行了卓有成效的理论和实践探索。党的十八大提出"五位一体"总体布局，将生态文明建设提高到与经济建设、政治建设、文化建设、社会建设同等重要的位置，并在全球范围内率先将生态文明建设纳入党的行动纲领。党的十九大将生态文明建设提升为"千年大计"，要求加快生态文明体制改革，推进绿色发展。2018 年 3 月 11 日，十三届全国人大一次会议表决通过《中华人民共和国宪法修正案》，"生态文明"被写入宪法，开启了中国生态文明建设和发展的新阶段。英国《卫报》曾刊登过一篇评论，它认为："19 世纪英国教会世界如何生产，20 世纪美国教会世界如何消费。如果中国要引领 21 世纪，它必须教会世界如何可持续发展。"事实证明，中国正一次次以坚毅的态度和务实的行动引领着全球生态文明建设，不断为全球生态治理贡献"中国智慧"。

二、新发展观：绿水青山就是金山银山

"绿水青山就是金山银山"（以下简称"两山论"）是习近平同志 2005 年在浙江任省委书记时提出的理念，担任总书记后，习近平同志又多次加以阐述："我们既要金山银山，也要绿水青山，宁要绿水青山，不要金山银山，而且绿水青山就是金山银山。"2015 年 3 月 24 日，中央政治局审议通过的《关于加快推进生态文明建设的意见》，把"坚持绿水青山就是金山银山"正式写入了中央文件。2017 年 10 月 24 日，中国共产党第十九次全国代表大会

通过的《中国共产党章程（修正案）》，将"增强绿水青山就是金山银山的意识"历史性地写入党章，成为党的重要指导思想。

（一）马克思主义生态自然观的当代体现

马克思主义生态自然观的形成，既有德国古典哲学的渊源，也有 18 世纪至 19 世纪上半叶自然科学的基础。马克思主义自然观不仅是辩证唯物主义的重要组成部分，而且紧扣时代的开放性和包容性，呈现出系统自然观、生态自然观的崭新形态。其主要观点是：生态系统是人类与环境所构成的一个大的系统整体，其本身就是一个自组织开放的系统，不断地进行着物质、能量和信息的交换，具有动态性、自组织性、整体性、协调性和自适应性等特征；人类与自然的关系要遵循公平性、可持续性原则，通过低碳、循环发展经济，建设生态文明，来实现人与自然的和谐发展，以实现人类社会与生态系统的协调发展；人类社会与生态系统的协调发展的本质就是可持续发展，以自然可承载力为前提，以实现天然自然与人工自然的融合，这也是人类生态文明的发展目标。马克思主义生态自然观的内涵集中体现在对人与自然关系的表述中：第一，人是自然的一部分，是自然的产物。马克思指出，人靠自然界生活。这就是说，自然界是人为了不致死亡而必须与之不断交往的人的身体。所谓人的肉体生活和精神生活同自然界相互联系，也就等于说自然界同自身相联系，因为人是自然界的一部分。自然本就先于人类而存在，并且为人类的生存和发展提供了阳光、空气、资源等物质基础。同时，人的知识、意识也是在改造自然，与自然的相互作用中产生的。可以说，"我们连同我们的肉、血和头脑都是属于自然界，存在于自然界的"[1]。第二，通

---

[1] 《马克思恩格斯选集》第 3 卷，人民出版社 2012 年版，第 998 页

过实践，构成自然—人—社会的有机整体。人与自然是密切联系
的，这无须多加赘述。同时，人在实践中形成了人与人之间的关
系，进而形成了社会，所以马克思认为"人的本质不是单个人所
固有的抽象物，在其现实性上，它是一切社会关系的总和"①。人
具有自然和社会"双重属性"，人是自然的产物，这是人的自然属
性。社会属性才是人的本质属性，它从本质上揭示了人与动物的
区别。人们在实践中不断改造自然以满足社会的需求，同时也在
把握自然规律的过程中加深对社会的认识和治理。通过实践，自
然和社会循环往复地发生着物质、能量的循环和转化。第三，人
必须尊重自然、遵循自然规律。马克思主义认为，工业文明的生
态危机根源在于人与自然关系的异化。马克思本人也早就指出，
异化劳动的四个方面"都与人类对自然的异化不可分割，包括他
们自身的内在自然与外在自然""自然蜕变为工厂一样的社会组
织"，成为人类谋取利润的工具和手段，人与自然的关系异化成为
索取与被索取的关系。解除生态危机的唯一出路就是化解人与自
然的异化，学会尊重自然、遵循自然规律，事实已经并将继续证
明，任何"不以伟大的自然规律为依据的人类计划，只会带来灾
难"②。

　　"绿水青山就是金山银山"是马克思主义生态自然观在当代的
具体体现。人类从野蛮迈入文明，从农耕文明走向现代工业文明，
经历了从适应自然到利用自然，再到改造自然的过程。近现代以
来，尽管人类文明程度大大提升，但工业化、现代化却把人类推
向了自然的对立面，人类对自然的毁坏与日俱增。为此，人类付

---

① 《马克思恩格斯选集》第 1 卷，人民出版社 2012 年版，第 139 页。
② 《马克思恩格斯全集》第 31 卷，人民出版社 1972 年版，第 251 页。

出的是绿色代价，甚至是生命代价。正像恩格斯所说："我们不要过分陶醉于我们人类对自然界的胜利。对于每一次这样的胜利，自然界都对我们进行报复。"①

"绿水青山就是金山银山"是人与自然和谐关系的当代体现，且寓意深刻。"绿水青山"如果放置不理就只是自然的生态系统，尚未体现有益于人类的社会价值，这并不是人类文明的旨意。但如果以损害"绿水青山"为代价一味去追求"金山银山"，也只能是昙花一现，难以持续。正是对人与自然这一对矛盾相互关系的深刻把握，习近平总书记指明，绿水青山和金山银山既会产生矛盾，又可辩证统一。这里强调的是人与自然双重价值的共融共生，把自然的价值作为人类价值实现的基础和前提。因为绿水青山可以带来金山银山，但金山银山却买不到绿水青山。生态文明的建设过程就是把"绿水青山"变成"金山银山"的过程，要以生态学、系统学为科学基础，强化人类的生态意识，遵循不同区域之间协调发展、当代人与后代人之间持续发展的原则，实现文明的可持续发展。"绿水青山就是金山银山"作为当代马克思主义生态自然观的最新理论成果，是指导中国实现中华民族绿色崛起的重要思想理论法宝，是指向未来绿色发展的价值观和发展理念。在中国特色社会主义新时代，我们需要深刻领会和付诸实践，让"绿水青山就是金山银山"成为产业绿色转型的指路明灯，成为社会的主流价值观，成为百姓绿色生活的自觉意识。

（二）当代中国的绿色发展观

2015年10月，党的十八届五中全会在北京召开，全会强调，实现"十三五"时期发展目标，破解发展难题，厚植发展优势，

---

① 《马克思恩格斯选集》第3卷，人民出版社2012年版，第998页。

图 2-2　浙江安吉县余村："两山理论"发源地

必须牢固树立并切实贯彻创新、协调、绿色、开放、共享的发展理念。这五大发展理念不是凭空得出来的，是我们在深刻总结国内外发展经验教训的基础上形成的，也是在深刻分析国内外发展大势的基础上形成的，集中反映了我们党对经济社会发展规律认识的深化，也是针对我国发展中的突出矛盾和问题提出来的。[1] 习近平总书记曾多次在不同场合强调要坚持绿色发展：2013 年 5 月 24 日，习近平总书记在十八届中央政治局第六次集体学习时强调，要更加自觉地推动绿色发展、循环发展、低碳发展，绝不以牺牲环境为代价去换取一时的经济增长，绝不走"先污染后治理"的路子；2015 年 3 月 29 日，习近平总书记在博鳌亚洲论坛年会的中外企业家代表座谈会上指出，中国的绿色机遇在扩大。我们要走

①《十八大以来重要文献选编》（中），中央文献出版社 2016 年版，第 825 页。

绿色发展道路，让资源节约、环境友好成为主流的生产生活方式；2015 年 5 月 27 日，习近平总书记在华东七省市党委主要负责同志座谈会上强调，协调发展、绿色发展既是理念又是举措，务必政策到位、落实到位。让良好生态环境成为人民生活质量的增长点，成为展现我国良好形象的发力点；2016 年 2 月，习近平总书记在江西考察工作时提出，绿色生态是最大财富、最大优势、最大品牌，一定要保护好，做好治山理水、显山露水的文章，走出一条经济发展和生态文明水平提高相辅相成、相得益彰的路子；2016 年 12 月，习近平总书记在中央经济工作会议上的讲话强调，要加快发展绿色金融，支持制造业绿色改造，引导实体经济向更加绿色清洁方向发展；2017 年，习近平总书记在北京考察工作时强调，绿色、共享、开放、廉洁的办奥理念，是新发展理念在北京冬奥会筹办工作中的体现，要贯穿筹办工作的全过程。绿色办奥，就要坚持生态优先、资源节约、环境友好，为冬奥会打下美丽中国底色。[①] 由此可见，绿色发展的重要性不言而喻。

绿色发展，就其要义来讲，是要解决好人与自然和谐共生问题。绿色循环低碳发展，是当今时代科技革命和产业革命的方向，是最有前途的发展领域，我国在这方面有很大的潜力，可以形成很多新的经济增长点。当前，我国资源约束趋紧、环境污染严重、生态系统退化的问题十分严峻，人民群众对于新鲜空气、干净饮水、安全食品、优美环境的要求越来越强烈。为此，必须坚持节约资源和保护环境的基本国策，走绿色发展之路，推进美丽中国建设。绿色发展要求形成绿色的生产方式和绿色的生活方式，要

---

① 中共中央文献研究室编：《习近平关于社会主义生态文明建设论述摘编》，中央文献出版社 2017 年版，第 20—35 页。

求正确处理好生态环境保护和发展的关系，而"两山论"正是对处理环境保护和经济发展关系的生动的、现实的概括和阐述。

绿色发展观和"两山论"在本质上是贯通的，通过正确处理环境保护与经济发展的关系，形成绿色的生产方式和生活方式，最终实现人与自然和谐共生。习近平总书记强调，绿水青山和金山银山绝不是对立的，关键在人，关键在思路。[①] 绿水青山既是自然财富，又是社会财富、经济财富。绿色发展观在建立绿色生产方式和生活方式、构建绿色技术创新体系、构建清洁高效能源体系的基础上，能够充分发挥绿水青山的经济社会效益，使绿水青山成为社会财富不断涌流的源泉。

（三）发展方式转型的本质体现

改革开放以来，中国已经逐渐发展成为制造业产量超越美国的世界最大的制造业国家。2014 年数据显示，中国实现工业附加值2.1 万亿美元，占全世界工业附加值的 20%。[②] 中国有超过 200 种商品的产量和出口量排名世界第一，甚至有几十种商品的出口量已经达到世界出口总量的 70% 以上。但是，中国目前工业水平还较低，工业发展方式还较粗放，主要依靠不断扩大规模的外延式发展来维持增长与世界占有量。而且工业生产占能源消耗的 70%，随之而来的生态环境问题一直无法得到根本解决。中国在节能减排、提高资源效率方面有很大的潜力。因此，中国必须要走一条经济效益好、资源消耗少、环境污染低、科技含量高的绿色化道路。

---

① 中共中央文献研究室编：《习近平关于社会主义生态文明建设论述摘编》，中央文献出版社 2017 年版，第 23 页。

② 赵建军：《绿色制造：未来制造技术的发展方向》，《学习时报》2016 年 3 月 31 日。

　　"绿水青山就是金山银山"是当代中国发展方式绿色化转型的本质体现。绿水青山、金山银山这对概念既对立又统一，是一对双生的概念。它们之间存在着本质区别，但二者又是可以实现转换的互生关系。实现绿水青山与金山银山积极转化的前提是实现发展方式绿色化转型。如果没有发展方式绿色化转型，即便实现了快速发展，也只是山穷水尽的结局。要实现绿水青山向金山银山转化的可持续性，就需要有好的生态环境。换言之，发展方式绿色化转型是兼顾生态环境和解决社会物质需求的先决与必要条件。"绿水青山就是金山银山"是正确处理高速发展与可持续发展关系的理性考量，是生态文明建设与可持续发展的统一。因此，走绿水青山向金山银山转化之路就是在走生态文明建设之路，就是在走资源节约型、环境友好型社会的发展道路。

　　"绿水青山就是金山银山"的理念正在中国大地深刻践行。在"两山论"的发源地——浙江，从启动"千村示范万村整治"和"美丽乡村"建设，到推进"五水共治"护绿水、"三改一拆"治违建、"四边三化"美环境，一个更有魅力的自然和社会生态系统正在建立。浙江省重点推进铅蓄电池、电镀、印染、化工、制革、造纸等六大行业整治，强化"腾笼换鸟"力度，目标不断升级，行动愈发有力。十年间，浙江省 GDP 总量增至 4 万亿元，生态环境建设不断加强。26 个欠发达县"摘帽"，不再考核 GDP 总量，转而考核生态保护、居民增收等指标，从衡量 GDP 到建设"绿富美"，浙江换了"新活法"。在丽水，"战略构想—纲要实施—评估考核—改革创新"的生态文明建设实践体系逐步建立，为经济社会健康发展提供了有力支撑。在杭州，生产美、生态美、生活美"三美融合"的思路已成"两山论"理论的最新延展。杭州大力实施"三江两岸"生态景观保护与建设工程，发展信息、健康、旅游等新型产业，推动绿色发展再上新台阶。浙江要在过去十年的基础上，认时谋势，顺势而为，坚持干在实处，狠抓工作落实，把生态建设继续推到一个新的高度，把浙江的金山银山做得更大，把浙江的绿水青山护得更美。

此外，库布其模式也体现了"两山论"的理念。库布其沙漠是中国第七大沙漠，总面积1.86万平方公里。在习近平生态文明思想的引领下，在各级党委、政府的大力支持下，库布其治沙人创造出"党委政府政策性推动、企业规模化产业化治沙、社会和农牧民市场化参与、技术和机制持续化创新、发展成果全社会共享"的库布其模式，实现了"治沙、生态、产业、扶贫""四轮"平衡驱动可持续发展。

这一地区的亿利集团作为库布其沙漠治理的主力军和领头羊，历经30年艰苦不懈的生态治理，投入治沙公益资金30多亿元，产业资金300多亿元，治理库布其沙漠900多万亩，将库布其沙漠森林覆盖率、植被覆盖率分别由2002年的0.8%、16.2%，提高到2016年的15.7%、53%，创造出生态财富5000多亿元，带动沙区及周边10万群众受益。在各级党委、政府的支持下，亿利集团积极向我国西部沙区输出库布其治沙经验和模式，累计在塔克拉玛干沙漠、腾格里沙漠、乌兰布和沙漠、科尔沁沙地、张北坝上地区治沙100多万亩，并向西藏、青海、河北、云南、贵州等我国20多个省区、200多个县市输出库布其模式，实现生态修复、治沙扶贫，发展生态产业。亿利集团正在向中东、中亚、非洲等"一带一路"沿线国家和地区分享库布其的理念、经验、技术和成果，分享中国治沙扶贫的方案和智慧。

图 2—3　库布其沙漠第一条穿沙公路绿意盎然

延伸阅读：

　　2017 年 6 月 5 日，赵建军教授接受《中国环境报》访谈，提出"'两山理论'是绿色化转型的本质体现"，欢迎读者扫一扫右侧二维码查看详细报道。

　　2018 年 1 月 13 日，赵建军教授接受凤凰网访谈，提出"以绿色发展理念推动生态养老发展"，欢迎读者扫一扫右侧二维码查看详细报道。

三、新系统观：山水林田湖草是一个生命共同体

2017 年 7 月 19 日，中央全面深化改革领导小组第三十七次会议审议通过了《建立国家公园体制总体方案》，改变了"山水林田湖"的提法，将"草"纳入其中，形成更加全面、系统的共同体，即"山水林田湖草是一个生命共同体"。党的十九大报告更是强调，要统筹山水林田湖草系统治理。人的命脉在田，田的命脉在水，水的命脉在山，山的命脉在土，土的命脉在林草，这体现出一种朴素的生态系统论思想。生态系统论，强调发展个体嵌套于相互影响的一系列环境系统之中。在这些系统中，系统与个体相互作用并影响着个体发展。"山水林田湖草是一个生命共同体"作为一个生态系统论命题，在价值基础上重置了人与自然关系的伦理前提，在对自然界的整体认知和人与生态环境关系的处理上为我们提供了重要的理论遵循，是实现绿色发展，建设生态文明的重要方法论指导，蕴含着重要的生态价值，是中国特色生态文明建设的理论内核之一。

（一）肯定了自然界的内在价值

价值是内在于自然本身的东西，山水林田湖草等自然资源与人类社会一样，是一个有机生命体。因此，我们必须考虑自然的生命价值，遵循自然资源的内在规律及协同特征，改变单一的利用、开发自然资源的方式，这就在处理人与自然关系上设置了重要的伦理前提。

一般而言，自然的价值体现在两个方面。一方面，自然是人类赖以生存的基础。这种基础性的作用决定了人类必须以自然的存

在为前提，没有了广袤坚实的大地、和煦明媚的阳光、精彩纷呈的生物，人类将无法存活。此外，自然具有强大的修复和净化功能。自然遵循自身的规律而处于不断的循环、运动之中，具有自我修复的功能。众所周知，森林是地球之肺，湿地是地球之肾。自然在自我修复和净化的过程中，消化了人类生存和发展所产生的部分污染和破坏，不断给人类提供更加美好的生存环境，满足人们日益增长的美好生活需求。另一方面，自然为人类发展提供丰富的物质材料。从原始文明到农业文明，再到工业文明，人类的发展都是以诸如森林、石油、矿产等物质材料为基础的。自然的价值性是在人的实践中或者是在与人的相互作用中实现的，但绝不是由人的实践决定的。然而，从整个西方现代化进程看，主客二分的思维方式构成了其思想基础。在这种主客二分的哲学观念的指引下，人类进入了工业化的现代社会，加深了人与自然之间的利用、征服，形成了除人本身以外，世间万物都成为只有工具价值而并无内在生命价值的伦理观。在这样的伦理观下，一切物质、资源的价值都是以对人的需求的满足为标准，完全忽略了自然界本身的价值，认为自然界的存在就是为了满足人类发展的需要，其最大的价值就是为人类所使用，生态环境的工具价值取代了其内在的生命价值。

长期以来，人类对自然资源肆意攫取，将生产、生活产生的废弃物无节制地抛入自然环境中，完全不顾自然环境的承载能力。过分强调人对自然的征服而忽视人与自然的统一，最终导致环境污染严重、资源浪费加剧、人地关系紧张等危及人类自身生存的问题。直到20世纪下半叶，环境问题凸显，成为制约人类社会发展的瓶颈，严重威胁人类自身的生存。这时，人们才意识到对人与自然关系处理的方法，一直是在错误的逻辑前提下展开的。因此，重置人与生态环境关系发展的理论前提，就成为化解人与自然之间矛盾的关键所在。

对"生命共同体"论断的理解，不应局限于山水林田湖草本身，其深刻内涵应是以山水林田湖草所指代的更广泛的自然环境。"生命共同体"论断将人类长期赖以存在和发展的基础，置于与人类具有同等生命特征的伦理地位。这是对一切以人的需求为取舍的发展模式的一次重要超越，肯定了自然界的生命价值。这就告诉我们，要敬畏那些跟我们同样具有内在价值的自然万物，树立尊重自然、顺应自然、保护自然的理念。正如马克思所说："自然界是人类的无机身体。"我们可以将人类自身也置于这样一个生命共同体中，实现自然与人的价值同构。因此，在处理人与自然关系时，人类对待自然的态度就是人类对待自身的态度。可以看出，"生命共同体"论断从同一性角度消解了人与自然关系的困惑，厘清了人与生态环境的内在统一价值问题。

（二）明确了生态整体论的思维方式

整体论思想古已有之，古代希腊、罗马和中国都提出过朴素整体论的思想。赫拉克利特把世界看作"永远是一团永恒的活火"，亚里士多德提出了"整体大于部分之和"或"整体不等于部分和"的命题，整体具有部分之和所不具有的性质。例如，一栋房子并不是构成它的众多物质材料的简单叠加，问题的关键在于各种材料的组成方式。中国古代伟大的思想家老子也有着丰富的朴素整体论思想。《老子·道德经》第四十二章记载："道生一，一生二，二生三，三生万物，万物负阴而抱阳，冲气以为和。"这里的"道"是老子世界观的最高范畴，是万物的本源、始基，万物由"道"而生，通过阴阳对立互动实现平衡。因此，对"生命共同体"论断整体性内涵的理解，更应该借鉴古代整体思想的智慧，要在"山水林田湖草"内在统一的基础上，将其演绎为对整个生态环境认识的整体论思维。

地球上不仅有山水林田湖草，还有人类、动物、微生物，这些存在实体通过物质的循环、能量的转化和信息的传递而相互作用，形成一个不可分割的有机整体，这就是涵盖所有生命的生态整体性的具体表现。所谓"生命共同体"，就是指自然环境中各个生命体内部和相互之间的物质运动及能量转移，以及它们之间相互依存构成的一个关系复杂的有机生命整体。

"生命共同体"论断深刻而透彻地阐明了人与自然生命过程的整体性，也构成了生命共同体的最重要特征。生态系统的各种因素普遍联系、相互作用，使生态系统成为一个和谐的有机整体，整个生命共同体的等级性、组织性和有序性表现为结构和功能的整体一致性。同时，生命共同体还表现为它的时空结构的整体动态性。"生命共同体"论断所提供的生态整体性思维，与古希腊的有机整体论一脉相承，强调整个自然环境的整体性、有序性和系统性，认为生命有机体作为实体是受到内、外联系双重影响的，并且内在联系决定着实体的性质。这种思维方式可以调节人类行为与目的的矛盾，将人类与自然之间的冲突，划归为对人类自身冲突的化解，把对人类自身的关爱移情于对自然环境整体的关怀，这对长期以来由于人类理性发展过度膨胀、人文价值缺失而导致的人类中心主义有着重要的制衡作用，为人类反思自身与自然的关系，以及如何处理人与自然的关系提供了认识论上的基础。

在生态整体性思维方式下，我们应该看到人类对自然的干预总是局部的，有些局部性干预对自然的整体性并无大碍，有些则不然。那些表面或暂时显现不出的影响会随着时间推移累积，对自然的整体性造成破坏，如长期大量温室气体排放导致的全球气候变暖。同时，生命共同体内的每一个物种，都对应特定的生态功能，我们更应该注意局部性干预对生态和自然整体性的累积效应。

图2-4 江西武宁庐山西海千岛

（三）提供了解决生态问题的方法路径

按照系统论观点，世界上一切物质，无论是有机生命体还是无机自然界，或是人类社会、思维意识，都以系统的方式存在着，都有着复杂结构与组织特征的系统。对于研究对象，都可以从系统角度予以研究。同样，对于生态环境问题的处理，我们依然可以从系统角度出发，从要素与整体、内部与外部之间的相互作用及相互制约关系中把握研究对象这一整体。整体不是部分的简单叠加，整体的性质由部分性质以及各部分相互作用关系和形式所决定。以山水林田湖草为代表的生态要素是有形、有质的客观实体，生命共同体内部由这些实体构成的子系统也必然具有实质差别。因此，在处理自然环境问题时，既要考虑生态系统内部各子系统的性质和相互差别，又要兼顾整个系统的整体特征。

生命共同体具有自组织性与动态平衡性的特征，同时，与人类存在着密切的共生关系，可谓相生相克。其中，生态要素的合理配置直接决定了这个生命共同体的兴旺、繁荣、健康、可持续程度。这就提示我们要牢固树立共生共荣的生存理念，遵循共治共理的方法路径，处理好生命共同体内各部分之间的关系，以实现生命共同体整体的健康发展。

"共生共荣"要求我们看到生命共同体内部各系统之间相互依存、不可或缺的关系。生命共同体内部的每一生命部分通过系统间的作用进行彼此之间的物质、能量与信息交换，相互激发活力、发挥功能，保持系统的稳定。如果人类的攫取或消耗超过这个稳定状态，这一共同体的运行就会发生重大变异，甚至断链停歇。例如，水在大气圈、水圈、冰冻圈、岩石圈和生物圈中进行的循环，海洋和陆地表面的水通过蒸发转变为水汽进入大气，水汽在大气中形成云、雨、雪等之后降落地面，一部分留在陆地或流入海洋，还有一部分则渗入地下进入岩石圈。冰冻圈的固态冰雪也会部分融化流到地面或海上，生物圈的植物也会蒸腾部分水汽到大气圈中。周而复始的变化使水在各个圈层不停地、稳定地循环，但是人类过度开采地下水或者污染行为等会严重地影响水循环的正常运行，进而对各个圈层、整个生态系统造成破坏。

"共治共理"指对山水林田湖草等生态资源进行统一保护与统一修复，综合运用经济、技术和行政等多种手段，对自然环境进行预防、保护、治理和修复，不断增强生命共同体的协同力和活力。"共治共理"的方法路径要求我们在对待生态问题时，不可做头痛医头、脚痛医脚的局部治理，而要将局部的环境问题与"生命共同体"内的其他部分一同考虑，不断以环境状况调整人类生产、生活的行为，实现这一生命共同体的生态服务功能最大化，促进自然资源的永续利用与人地和谐。党的十九大报告明确指出，要设立国有自然资源资产管理和自然生态监管机构，完善生态环境管理制度，统一行使全民所有自然资源资产所有者职责，统一行使所有国土空间用途管制和生态保护修复职责，统一行使监管城乡各类污染排放和行政执法职责。

四、新自然观：人与自然和谐共生

人与自然是一对密不可分的范畴，人与自然的关系问题是人类社会发展、生态文明建设所无法回避的问题。生态文明建设，表象在自然界，实则在人类社会，处理好人与自然的关系日益成为生态文明建设的关键。党的十九大将"坚持人与自然和谐共生"作为新时代中国特色社会主义的基本方略之一，体现我们党对人与自然关系问题的高度重视和全新理解，也体现我们党对经济社会发展规律和自然规律的深刻认识和全面把握。

（一）重塑人与自然崭新关系的根本夙愿

人类对于人与自然关系的思考由来已久，在历史发展过程中产生了诸多智慧。从中国先哲们提出的"天人合一""道法自然""众生平等"，到古希腊"人是万物的尺度""认识你自己"，再到"为自然立法"等。虽然立场、观点有所不同，但无不闪耀着对人与自然这对范畴的睿思哲言。马克思主义经典作家极具创造性地从实践维度加以审视，创立了较为科学的人与自然关系理论。马克思承认，人依赖于自然，正如他所说，"人直接地是自然存在物""没有自然界，没有感性的外部世界，工人什么也不能创造。自然界是工人的劳动得以实现、工人的劳动在其中活动、工人的劳动从中生产出和借以生产出自己的产品的材料"。① 但更为重要的是，马克思认为，人与自然通过实践发生密切互动，只有在社会中，在人的实践活动中，自然才是人的现实生活的要素，人与自然的关系得以发生。离开人类社会，人与自然的关系就无法理解。

从历史上看，一部人类文明史就是人与自然关系的发展史。在渔猎文明，包括农业文明时代，人类为了获得生存，不停地与自然做斗争。囿于生产力水平低下，人与自然仍处于整体和谐的状态。进入工业文明，尤其是后工业时代，随着认识和改造自然能力的飞跃式发展，"人类中心主义"占据人类的大脑，人们自认为可以完全驾驭和征服自然，从自然攫取大量资源，把自然破坏得千疮百孔，自然也无情地报复人类，人与自然的关系由原始和谐走向激烈对立。面对严峻的生存危机，人类开始反思自身的行为以及人地关系，意识到自然对于人类生存和发展的重要作用，提出可持续发展战略、人与自然和谐相处，共同应对气候变化等全球性生态问题，人与自然的关系开始走向缓和。

"共生"一词在生物学上解释为两种不同生物之间所形成的紧密互利关系。在共生关系中，一方为另一方提供生存帮助，同时也获得对方的帮助；若相互分离，则两者都不能生存。人与自然和谐共生是对新时代人与自然关系的最新理解和阐释，构建了一种全新的人与自然的关系。一方面，这一理念蕴含着生态文明建设的高度紧迫性。人与自然是休戚与共的生命共同体，人对自然的伤害最终会伤及人类自身，这是无法抗拒的规律。由于人类自身不负责任的行为，人与自然的关系已经走到辅车相依，唇亡齿

---

① 《马克思恩格斯选集》第 1 卷，人民出版社 2012 年版，第 52 页。

寒的边缘。自然的承受力已经接近临界，任何人类的破坏行为都将带来无法想象的后果。人类唯有尊重自然、顺应自然、保护自然，才能为自身以及子孙后代赢得宝贵的生存空间。另一方面，人与自然和谐共生构建起全新的人与自然的关系。人与自然不但要摆脱冲突对立的关系，而且要进入相互依存、相互促进的共生关系。我国生态文明建设迈入新的阶段，就要在人与自然和谐共生的基本方略指导下，紧紧围绕建设美丽中国这一目标，以制度建设为抓手，加快建立生态文明制度体系和生态意识教育宣传体系，倡导绿色生产方式和生活方式，把人与自然和谐共生融入经济、社会、自然的方方面面，成为我们自觉的行为方式和思维方式。

（二）协调经济发展与环境保护关系的根本遵循

发展是解决我国一切问题的基础和关键，要想实现"两个一百年"的奋斗目标和中华民族伟大复兴的中国梦，不断提高人民生活水平，就必须坚定不移地把发展作为党执政兴国的第一要务。十九大报告指出，我国经济保持中高速增长，在世界主要国家中名列前茅，国内生产总值从 54 万亿元增长到 80 万亿元，稳居世界第二，对世界经济增长贡献率超过 30%，这巨大成就源于始终坚持解放和发展社会生产力。我国特色社会主义进入新时代，社会的主要矛盾已经转化为人民日益增长的美好生活需要和不平衡不充分发展之间的矛盾，归根结底，仍然是人民需求同社会生产之间的矛盾，化解这一矛盾的关键仍在于发展。但是，必须要清醒地认识到，发展必须是科学发展，必须是贯彻创新、协调、绿色、开放、共享的发展，我们所要建设的现代化也是人与自然和谐共生的现代化。从前，囿于技术和认识水平，人类陷入经济发展与环境保护对立的误区，认为发展经济就要以牺牲资源和环境为代价，保护环境则会放缓经济发展。随着技术的进步和理念的发展，这种错误的观点必须有所澄清。

从理论上讲，生态环境具有自我修复和净化的能力，资源也在不断进行自我再生，通过技术手段也能实现可再生资源逐步代替不可再生资源。所以，经济发展和环境保护之间并不存在根本性的、不可化解的矛盾。经济发展活动造成生态环境的破坏，是因为经济发展超出了生态自我修复能力的阈值，或者是人类在经济发展过程中忽略了环境因素。由此可见，经济发展与环境保护的关系，溯其根源，就是人与自然的关系。处理好经济发展与环境保护的关系，关键就在于处理好人与自然的关系。

从实践上看，人与自然和谐共生并不是要求不作为，退回到人与自然的原始和谐状态，而是要实现不以牺牲环境为代价的发展，实现两者的协调发展。党的十九大报告表明，在全面建成小康社会的攻坚阶段，在夺取新时代中国特色社会主义伟大胜利的关键时期，必须始终坚持解放和发展社会生产力，坚定不移地把发展作为党执政兴国的第一要务。在中国特色社会主义新时代，我国社会生产力水平总体上显著提高，社会生产能力在很多方面进入世界前列，更加突出的问题是发展不平衡不充分，这已经成为满足人民日益增长的美好生活需要的主要制约因素。化解这一矛盾的关键在于发展，在于更加注重质量和效益的发展。此外，经济发展也给环境保护提供了一定的经济基础和技术条件。在这样的历史条件下，人类不可能裹足不前，唯有坚持人与自然和谐共生，协调经济发展与环境保护相统一，在发展中谋保护，在保护中促发展。

如何正确处理经济发展与环境保护的关系？中国古代先哲早就给出答案，即中庸之道。那么，如何实现两者的中庸呢？既然经济发展与环境保护的关系在本质上是人与自然的关系，那便是要实现人与自然的中庸。所谓"不偏之谓中，不易之谓庸"，用现在务实的话来说，就是协调，协调经济发展与环境保护的关系，协调人与自然的关系，以达到和谐的状态。因此，处理经济发展与环境保护的关系要以人与自然和谐共生为根本遵循，在发展中谋保护，在保护中促发展。在发展中谋保护，要求在发展经济中时刻牢记人与自然和谐共生的理念。一方面要杜绝破坏环境的行为、升级危害环境的技术、淘汰污染环境的企业；另一方面要支持低碳技术、循环技术的研发，扶持绿色产业、节能产业的发展。在保护中促发展，要求树立保护生态环境就是保护生产力的意识、改善生态环境就是发展生产力的理念，充分发挥生态环境的经济效益和社会效益，在生态保护中创造新的经济增长点。

图 2-5　四川遂宁：高空俯瞰魅力新遂宁

（三）新时代坚持人与自然和谐共生的基本要求

人与自然和谐共生是基于新时代我国生态环境、社会发展、人民需求而提出的处理人与自然关系的全新理念，新时代坚持人与自然和谐共生必须做到以下几个方面。

1. 坚持理念培育与制度完善相统一

坚持人与自然和谐共生需要发挥理念和制度的双重作用，二者需要协同发力，不可只谓其一。理念是行动的先导，科学的理念能够指导人们的行为、激发人们的潜力，为实践提供强大的精神动力和理论支撑。正如恩格斯在《自然辩证法》中所说："一个民族要想站在科学的最高峰，就一刻也不能没有理论思维。"[①] 在党的十九大报告中，习近平总书记明确指出，坚持人与自然和谐共生，必须树立和践行绿水青山就是金山银山的理念。这一理念强调和突出了自然的价值性，破除以往以牺牲资源和环境为代价，粗暴地用绿水青山换取金山银山的观点，改变以前人们"靠山吃山、靠水吃水"的做法，从根本上改变人们作用于自然的实践方式，变卖矿石为卖风景、变靠山吃山为养山富山、变美丽风光为美丽经济。理念培育不是一朝一夕之事，想要生态意识入脑、入心，需要长此以往地坚持去做这项事业。

制度是一个社会的游戏规则，更规范地说，它们是为决定人们的相互关系而人为设定的一些制约。[②] 制度在人们的日常生活和社会发展过程中扮演着重要的角色。邓小平同志曾经鞭辟入里地论述："……这些方面的制度好可以使坏人无法任意横行，制度不好可以使好人无法充分做好事，甚至会走向反面。"[③] 在生态文明建设异常紧迫的当前，还需挺制在前。建设生态文明，是一场涉及

---

① 《马克思恩格斯选集》第 3 卷，人民出版社 2012 年版，第 875 页。
② ［美］道格拉斯·诺斯：《制度、制度变迁与经济绩效》，刘守英译，三联书店 1994 年版，第 3 页。
③ 《邓小平文选》第 2 卷，人民出版社 1994 年版，第 333 页。

生产方式、生活方式、思维方式和价值观念的革命性变革。要实现这样的深刻变革，必须依靠制度和法治。习近平总书记指出："只有实行最严格的制度、最严密的法治，才能为生态文明建设提供可靠保障。"生态文明建设的重要途径之一就是加强生态文明的制度建设，制度建设在生态文明建设中具有不可替代的作用。一方面，生态文明制度是将生态理念转化为生态实践的重要媒介。生态理念属于意识形态层面的东西，诸如尊重自然、顺应自然、保护自然，绿水青山就是金山银山，保护生态环境就是保护生产力，山水林田湖草是一个生命共同体等都是生态理念的具体表达。在用生态理念指导生态实践的过程中，如果没有具体的、可操作的规范和制度，生态实践将无法付诸行动。生态文明制度可充当理念与实践之间的中介，使生态理念切实转化为生态实践。另一方面，只有通过生态文明制度才能对社会行为进行有效约束。当前应当制定和实行最严格的生态环境保护制度，构建生态文明建设制度体系的四梁八柱，为坚持人与自然和谐共生提供坚实的制度保障。

2. 坚持绿色生产与绿色生活相统一

生态理念的培育最终还是要落实到实践中，生产与生活是社会与个人进行实践的重要形式，社会通过生产来实践，个人通过生活来实践。社会的生产方式以及人的生活方式也是衡量人与自然和谐共生与否的重要标准，人与自然和谐共生指导下的生产方式应当是绿色生产，生活方式应当是绿色生活。

生产方式具有物质生产方式和社会生产方式的双重意义，绿色生产方式相对以往的生产方式也将具有双重意义。在物质生产方式方面，相对传统的生产方式，绿色生产方式将循环、低碳的思想引入物质生产的全过程以及产品生命的全周期，使其在整个生命周期内做到对环境影响最小化、资源消耗最低化；在社会生产方式方面，绿色生产方式将生产关系由单纯的社会关系加入自然关系，从单纯考量人类自身的生产发展到考量人与自然的全面发展。绿色生产方式是一种人与自然和谐、可持续发展的生产方式，是一种积极的生产方式，是一种惠民的生产方式。绿色生活指通过倡导使用绿色产品、参与绿色志愿服务，引导民众树立绿色、低碳、环保、共享的理念，进而使人们自觉养成绿色消费、绿色出行、绿色居住的健康生活方式，创建绿色家庭、绿色学校、绿色社区，以期在全社会形成一种自然、健康的生活方式。让人们在充分享受绿色发展所带来的便利和舒适的过程中，实现人与自然的和谐共生。绿色生产和绿色生活是密切联系、相辅相成的。绿色生产是绿色生活的前提和基础，只有生产出绿色产品，人们才有可能实现绿色消费、绿色出行，只有提供更多优质的生态产品，才能满足人们日益增长的优美生态环境的需要；绿色生活的需求又反作用于绿色生产，绿色生活中所形成的需求往往能够调整和引导生产，带动绿色产业的发展，为绿色生产提供源源不断的动力。两者相互促进，共同构成人与自然和谐共生的重要实现形式。

习近平总书记指出，推动形成绿色发展方式和生活方式需要重点完成六项任务：一要加快转变经济发展方式。把发展的基点放到创新上来，塑造更多依靠技术创新驱动、更多发挥先发优势的引领型发展，这是供给侧结构性改革的重要任务。二要加大环境污染综合治理力度。要以解决大气、水、土壤污染等突出问题为重点，全面加强环境污染防治，加强城乡综合治理力度。三要加快推进生态保护修复。开展大规模国土绿化行动，深入实施一体化生态保护和修复。四要全面促进资源节约集约使用。资源开发利用既要支撑当代人过上幸福生活，也要为子孙后代留下生存根基。五要倡导推广绿色消费。强化公民环境意识，促使每个人成为生态文明建设的践行者、推动者，形成全社会共同参与的良好风尚。六要完善生态文明制度体系。推动绿色发展，建设生态文明，重在建章立制，用最严格的制度、最严密的法治保护生态环境。①

3. 坚持当代发展与永续发展相统一

十九大报告强调，生态文明建设功在当代、利在千秋，是中华民族永续发展的千年大计。习近平总书记呼吁我们，要牢固树立社会主义生态文明观，推动形成人与自然和谐发展现代化建设新格局，为保护环境作出我们这代人的努力！坚持人与自然和谐共生必须要处理好当代发展与永续发展的关系，发展不能局限于眼前和当代，而是要立足中华民族的永续发展。永续发展实则是代际发展的问题，当代人的发展不能以牺牲、挤压后代人的生存资源和空间为代价，从而影响后世的发展。回顾历史，曾经创造一时辉煌的美索不达米亚文明、古巴比伦文明、古埃及文明等都由于没有处理好人与自然的关系，而被湮没在历史的长河中，没能实现永续发展。可持续发展的思想在 20 世纪就已经被人类注意，1987 年以布伦特兰夫人为首的世界环境与发展委员会（WCED）发表了报告《我们共同的未来》，报告正式使用了可持续发展概念，并对之作出比较系统的阐述。报告把可持续发展定义为："既能满足当代人的需要，又不对后代人满足其需要的能力构成危害的发展。"这一阐述得到了国际社会的广泛支持和认同，产生了广泛的影响，标志着一种新发展观的诞生。人与自然和谐共生是实

---

① 《习近平谈治国理政》第二卷，外文出版社 2017 年版，第 395—396 页。

现永续发展所必须坚持的重要思想，其中"人"不仅指中国人民，而且包含全世界所有人类，不论肤色、种族以及国家，所有生活在地球村的"村民"都在其中。世界潮流浩浩荡荡，历史车轮滚滚向前，在全球化日益加深的今天，中国深谙没有哪个国家能够独自应对人类面临的各种挑战，也没有哪个国家能够退回到自我封闭的孤岛。在严峻的形势面前，人类的命运被紧紧联系在一起，人类唯有摒弃隔阂，对话结伴，努力构建人类生态命运共同体，才能破解全球生态危机，以实现人类社会的永续发展。

图 2-6　福建宁德魅力霞浦

延伸阅读：

　　2018 年 4 月 27 日，央视新闻联播作题为"浙江湖州：全域美 全民美"的报道，介绍湖州建设美丽乡村的经验，欢迎读者扫一扫右侧二维码观看视频。

第三章 新挑战：我国生态文明建设面临的困境

一、谁抹黑了美丽中国

2012 年，中国共产党第十八次全国代表大会提出，大力推进生态文明建设，努力建设美丽中国，实现中华民族永续发展。实现美丽中国，建设生态文明正在成为社会各界的共识，生态文明建设的法规和政策体系正逐步建立，节能减排、循环经济、绿色经济、生态保护、应对气候变化等方面的工作也在全面推进，约束企业排污的标准正越来越严格。但是，也应该看到：一些地方政府以发展经济为名，对企业的排污监管不到位。中国环境污染程度不但没有改善，反而愈发严重，我们背负的生态赤字越来越严重。那么，中国的环境状况到底如何呢？又是谁在抹黑我们的美丽中国？

据中国气象局的数据显示，2013 年以来，全国平均雾霾天数为近 52 年来之最，安徽、湖南、湖北、浙江、江苏等 13 地均创下"历史记录"。最新出炉的《中国环境发展报告（2014）》也指出，自 2012 年年底开始，持续的雾霾污染已蔓延中国 25 个省区市，有

100余座大中城市不同程度地出现雾霾天气，约8亿人口受到波及。中国的大气污染不仅仅局限在京津冀地区，长三角地区、内陆城市都很严重。治理雾霾天气既是保护我们每一个人的身体健康，也是党和政府带领全国人民实现美丽中国的开端。因此，必须要走好这一步。

雾霾天气是一种大气污染状态，是对大气中各种悬浮颗粒物含量超标的笼统表述。$PM_{2.5}$（空气动力学当量直径小于等于2.5微米的颗粒物）被认为是造成雾霾天气的"元凶"。那么，导致雾霾的罪魁祸首是谁呢？有人说是汽车尾气，有人说是工业排放废气，还有人认为是建筑工地和道路交通产生的扬尘。雾霾是由多种混合污染源共同作用而形成的，不同污染源的作用和程度各有差异。最新的数据显示，北京雾霾颗粒中机动车尾气占22.2%、燃煤占16.7%、扬尘占16.3%、工业占15.7%。仅仅靠控制机动车排放是难以避免雾霾天气的，对于机动车尾气排放还要从提高油品的质量、提高汽车尾气排放标准、汽车生产企业加强环保达标管理和环保关键部件的质量控制等方面多管齐下。我们经常可以在城市的道路上看到这样的现象：一些冒着黑烟的公交车疾驰而过，还有一些重型卡车、专用罐车、搅拌车、推土车等特种车也排放着滚滚黑烟。

在工业排放污染中，主要集中在火电、冶金、钢铁、化工、机械、建材等行业，这些行业排放了大量的二氧化硫、氮氧化物、烟（粉）尘等污染物，这些污染物是各地大气污染的主要源头。其中以煤炭为主要能源的工业和民用的燃烧排放更是造成大气污染的直接原因。煤炭在开采、储存、运输、使用的过程中不仅会造成大气污染，还有其他的污染表现，如导致土地资源的破坏及生态环境的恶化、破坏地下水资源等。所以，绿色和平环保组织一直呼吁世界各国重视燃煤造成的环境恶果，立即减少并逐步放弃煤炭的使用。中国作为世界上最大的煤炭生产国和消费国，更应该减少对煤炭的依赖，积极开发清洁能源。一方面要淘汰一批高投入、高消耗、高污染的企业，另一方面还要对现有工业重点污染源进行废弃物治理，通过脱硫、脱硝和除尘等技术改造，力争实现达标排放，为公众创造一个适宜居住的、健康的空气环境。

此外，城市的扬尘也是雾霾天气的祸根。由于当前中国新型城镇化加速，很多地方政府纷纷开展造城运动，加上旧城改造以及城市的基础设施建设，城市的建筑扬尘以及二次扬尘的危害还远远没有引起人们的关注。事实上，在城市大规模扩张时，各地房地产市场的热潮导致大量造新房、拆旧房，还有道路拓宽，修建立交桥、地铁，铺设各种管网等，众多的建筑工地扬尘污染是造成雾霾的一个重要因素。特别是北方城市的土壤质地较易生成颗粒性扬尘微粒，加上降雨较少，不仅春夏之际容易扬尘，而且秋冬季也同样四处扬尘。即使有些工地在施工过程中做过湿化处理，还有一些城市每天对主干道洒水降尘，但是效果有限，不能从根本上解决问题。更何况绝大部分施工单位缺少环保意识，为了赶工期故意违规作业，导致城市中心空气污染严重。城市周边的郊区由于时有燃烧垃圾、树叶、秸秆等情况也大大影响到城市的空气质量，所以我们经常可以感到大中城市的空气污染要比一些小城市、乡村的污染要严重得多。

仅仅把抹黑美丽中国的板子打在工业排放或者汽车尾气排放上显然是不公平的，或者仅仅把某地的雾霾归结于某地自身的原因也是认识不清。但是无论怎样，减少污染源的确是解决雾霾的根本之道。治理雾霾需要政府加大投入、尽快立法和加强监管，企业也要切实担负起自身的社会责任，同时公众也要倡导绿色环保的生活方式，积极参与到雾霾的防治行动中。公众能够在发挥监督作用、自觉践行节能减排和积极建言献策、营造舆论氛围等方面为赢得"雾霾阻击战"作出自己的一份贡献。更多的人传播低碳、环保的理念，传递低碳、环保的正能量，用自己的实际行动参与到大气的防治中。从身边的小事做起，如低碳出行，尽量选择公共交通工具，减少日常生活的煎炒烹炸，少吃路边小吃摊上的烧烤等。公众参与是我们是否能够享受到清洁空气的关键，我们每一个人都不能袖手旁观，只有全民参与才能打赢这场硬仗，才能呵护我们头顶上的同一片蓝天，才能使美丽中国的梦想得以实现。

二、我国生态文明建设面临的严峻挑战

在党的十九大报告中，生态文明建设再一次被提升到新的高度，受到了党和国家的高度重视。生态文明建设功在当代、利在千秋，是一项只有起点而永无终点的世代工程。十九大报告明确指出："人与自然是生命共同体，人类必须尊重自然、顺应自然、保护自然。人类只有遵循自然规律才能有效防止在开发利用自然上走弯路，人类对大自然的伤害最终会伤及人类自身，这是无法抗拒的规律。"当前，我国生态文明建设取得了巨大的成就，但也存在一些突出的问题与挑战。

（一）国家发展战略与地方现实需求不对称

十八大以来党和国家高度重视生态文明建设，从宏观层面为生态文明建设作出顶层设计，制定战略规划，并且描绘了天蓝、山青、水绿的美丽图景。但是，地方的现实情况各有不同，并且地方不能将一般的国家发展战略与具体的地方情况相统一，这就直

接导致了国家战略和地方实际之间的不对称的矛盾，这也是目前我国迫切需要解决的矛盾。

第一，国家的生态文明发展战略与地方经济发展现实需求存在不对称的现象。十八大报告把生态文明建设作为"五位一体"总体布局的重要组成部分；党的十八届五中全会确立了"十三五"五大发展理念"创新、协调、绿色、开放、共享"；党的十九大从推进绿色发展、着力解决突出环境问题、加大生态系统保护力度和改革生态环境监管体制四个方面大力布局新时期国家生态文明建设体系与战略规划。但应当注意的是，在技术水平和环保成本不变的情况下，经济发展意味着一定程度上的环境污染。我国地方上传统的高能耗、高污染的工业仍然占较大比重甚至在世界总量中的比重都非常高。以钢铁、煤炭、水泥等产业为例，地方上的高污染、高耗能的情况在过去的多年时间并没有得到根本改变，虽然我国单位 GDP 能耗不断降低，但工业规模的急剧扩大使得资源和环境承载力接近极限。

第二，国家生态文明建设的系统性与地方政府管理体制的分散性存在不对称现象。目前我国地方的生态管理体制是一种分割式的行政管理体制，这与国家的整体发展战略不对称。它主要表现为两个方面：一是从地方某一区域来看，生态环境的保护与建设被不同的部门所分管；二是从不同的地方行政区域来看，生态文明建设与生态保护工作被行政区划所分割。这种不对称容易产生一些问题。一是不同的环保部门不能保证生态环境治理的明显界限，容易造成部门之间互相推卸责任。二是不同行政区域的生态环境建设与治理无法充分合作，某一区域取得的生态建设成效可能会被其他区域的环境污染所破坏。鉴于此，党的十九大明确指出："要构建政府为主导、企业为主体、社会组织和公众共同参与的环境治理体系。改革生态环境监管体制，加强对生态文明建设的总体设计和组织领导，统一行使全民所有自然资源资产所有者职责，统一行使所有国土空间用途管制和生态保护修复职责，统一行使监管城乡各类污染排放和行政执法职责。"

第三，国家生态文明体制建设战略与地方公众现实参与情况出现不对称。生态文明建设是一项系统的战略工程，党的十九大指出："要坚持全民共治、源头防治，构建政府主导、企业主体、社会组织和公众共同参与的环境治理体系，统一行使全民所有自然资源资产所有者职责等。"我国也十分重视公众参与在生态文明建设中的重要作用，有关法律保障、信息公开、环境公益诉讼、鼓励社会组织参与等方面的制度框架已经初步搭建。但是由于生态文明建设战略涉及的领域广泛、系统复杂、层次多样，地方公众的现实参与效果并不理想。涉及生态文明建设的领域，在公众参与方面还缺乏实施细则和具体实施程序，公众很少接触根本性的规划和政策层面，所以公众参与的层次和水平有待提高。

（二）发展的阶段性与百姓的生态诉求不同步

第一，生态文明建设的长期性与百姓日益强烈的生态诉求不同步。生态文明建设是一项只有起点而永无终点的世代工程，它是一项长期的艰巨任务，并非一朝一夕所能完成。伴随着物质生活的极大丰富，人们的精神文明需求与日俱增，其中民众的生态诉求日益凸显。习近平总书记在十九大报告中指出："中国特色社会主义进入新时代，我国社会主要矛盾已经转化为人民日益增长的美好生活需要和不平衡不充分的发展之间的矛盾。"良好的生态环境日渐成为人民追求生活质量的重要内容，环境因素在群众生活幸福指数中的地位不断提升。人民群众希望呼吸的空气能更新鲜一点，流淌的河水能更清澈一点，城市的绿地能更多一点。人们对美丽中国有着无比的向往，充满着无限的期待。当下，更多的人开始关注空气、水、食品的健康安全问题。但是，我们应当意识到，民众的生态诉求超前，而建设生态文明的进度相对滞后，这是一项长期的任务。

第二，民众对新兴绿色技术的发展诉求与传统技术转换滞后存在不同步现象。党的十九大指出："要构建市场导向的绿色技术创新体系，发展绿色金融，壮大节能环保产业、清洁能源产业，推进能源生产和消费革命。"这充分表明民众及社会都迫切地希望新能源技术产业体系早日成熟。目前，我国与发达国家在环保技术方面还有较大落差，许多高科技环保技术仍然需要进口，产品的科技含量、制造质量和运行成本与发达国家相比有不小差距，一些市场需求量较大的污染治理设备还没有自己的制造技术。在烟气脱硫、大中型生活污水集中处理和高浓度有机废水处理领域还不具备高科技设备的设计能力，难以与国外产品匹敌。[①] 同时，我国一些重点行业中落后工艺所占的比率仍然较高，落后工艺技术的大量存在和先进技术的缺失，是我国由工业经济向生态经济转型的重大阻碍。

（三）美好生活需要与生态产品供给不匹配

党的十九大报告宣告中国特色社会主义进入新时代，新时代的总目标是在 21 世纪中叶建成富强民主文明和谐美丽的社会主义现代化强国，新时代的社会主要矛盾是"人民日益增长的美好生活需要和不平衡不充分的发展之间的矛盾"。人民日益增长的美好生活需要可能包含有很多种，例如：物质性的需要、社会性的需要、

---

① 徐冬青：《生态文明建设的国际经验及我国的政策取向》，《世界经济与政治论坛》2013 年第 6 期。

心理性的需要。这些需要都包含生态产品的需要，这种生态产品既可以是物质性的，也可以是心理性的或社会性的，它是内化于以上几种需要之中的。事实上，也的确存在着这样一对矛盾：美好生活需要与生态产品供给的不匹配。无论是日用品还是工业品中都存在着大量的"双高"（高污染、高环境风险）产品，在环保部下发的《环境保护综合名录（2017 年版）》中，包括 885 项"双高"产品。这些产品有 50 余种在生产过程中会产生大量的污染物，如二氧化碳、氮氧化物、化学需氧量、氨氮等，有 40 多种会产生大量挥发性有机污染物，还有 200 余种涉及重金属污染，另外 570 余种是高环境风险产品。像我们日常用的味精等调味品和发酵制品、腈纶、人造革，建筑业用的水泥产品、石灰、石膏、实心砖等都包含在名录之内。市场上需要有可以替代的产品。没有优质的生态产品，企业无法更新设备，无法减少污染物排放，生产的产品还是不达标。老百姓也买不到可以替代的环保产品，只能用着旧的、不断污染着环境的产品。

目前我国正规的废旧塑料回收加工企业还处于起步阶段，普遍存在着工艺陈旧、技术落后的问题，本身也存在着污染的问题，再加上塑料制品的回收主要依靠拾荒大军，因此，我国实际塑料回收利用率在 40％左右，剩下的巨量塑料垃圾还是要依靠填埋和焚烧的方式进行处理。这样的方式要么对周边的土壤造成污染，要么因燃烧而污染空气。要减少白色污染，应该多管齐下，政府应该加大力度监管污染源，积极开发替代产品并引导使用。企业应该从源头上减少过度包装，使用更加安全、环保的材料。消费者应该提倡更加健康的绿色生活方式，尽量减少一次性塑料制品的使用。在丢弃垃圾时，尽量做好垃圾分类，不要让其他垃圾污染塑料制品。

当然解决矛盾也不是一蹴而就、一帆风顺的，有许多理论和方法往往莫衷一是、鱼龙混杂，难以据此形成真正可以实施并行之有效的办法。在"资源稀缺""生态脆弱""有害的工业技术""破坏性的文化价值""公地悲剧""生产过剩""挥霍的消费""生产的苦差事"①等解决问题的方法中，如何建立发展与环境的内在联系，妥善处理经济增长的生态极限问题需要我们仔细考量。我们要记住：绝对没有一劳永逸的办法可以解决所有的环境问题，这已经是一个整体的社会问题，或者说是人类共同面对的问题，十分复杂、多样，所以，要应用差异化的行为来应对。

（四）环境治理能力欠缺与治理体系不完善

当前我国正面临着严重的环境挑战。环境污染和生态破坏时刻威胁着我国经济社会的可持续发展，对人民群众的生活质量和身体健康造成了严重的不良影响。造成目前这种状况的原因有很多，其中环境治理能力的欠缺和治理体系的不完善是一个重要方面，特别是地方政府由于"唯GDP"至上的观念导致他们不重视环保，也缺少这方面的动力、压力和经验，使得决策时没有对地区的环境状况做科学地可行性分析，容易造成重大的污染隐患。另外，各职能部门之间多头管理力量分散，地方政府之间缺少合作，条块化的体制中固有的缺陷限制了体制效能的提高，难以巩固整个区域内的环保力量，这表明治理体系还很不完善。

对于企业的环境违法行为和排污行为，环保执法机关缺少必要的强制手段。在很多情况下，不能由环保部门单独完成环境执法，需要相关部门的配合与支持，往往导致环境执法缺少权威性，失

① ［美］詹姆斯·奥康纳：《资本主义的第二个矛盾》，见［英］特德·本顿：《生态马克思主义》，社会科学文献出版社2013年版，第184—185页。

去时效性。地方政府在按照相关环境法律执行和监管企业的污染行为时会遇到重重阻碍，很多地方的企业宁愿交罚款了事，也不去处理自己排放的污染。原因在于违法成本过低。而当地政府更多地从地方经济发展以及政府官员升迁等因素考虑，甚至会默许、认同乃至支持企业的污染。如果对环境的监管权力只集中在政府手中，那么一旦出现"政府失灵"或"权力寻租"的情况，就难以解决这些环境问题。因此，环境问题作为公共事务是不能由政府进行所谓垄断式管理的，应当从传统的政府垄断中将公共事务的管理权限和责任解放出来，形成社会各单元，包括企业、个人、社会组织、政府乃至国际社会等共治的局面，借助这样的制度安排才能改变环境治理的困境，避免发生"公地悲剧"。

在《环境保护法》中规定环保部门应"统一监督管理"，但在现实中却难以落到实处。各地的环境管理中众多部门的环保职能分散，部门间存在着广泛的权限交叉，又缺乏有效的途径和手段对其他部门产生实质性的影响，所以各职能部门各自为政，各自的作用得不到充分发挥，部门间利益博弈最终造成了环境违法现象的普遍存在。环保部门的作用更多地表现在形式上的统管主体，但实际处于有责无权的尴尬地位。此外，环境管理是以行政区划设置为基础的属地管理，但是生态环境系统不会因行政区划而改变它的变化、发展，靠不同的地方政府单打独斗、自扫门前雪的方式也不能解决区域性的环境问题。地方政府以邻为壑，分散的环保力量得不到有效整合，区域整体环境利益的损失也就在所难免，这些都制约着环境治理能力的充分发挥。

虽然在环境治理的道路上还有许多问题需要解决，但是只要从体制、机制上激励社会各方积极参与，构建共治格局，发挥政府的主导作用，引导和督促企业、公民履行责任，做到人人参与环保工作，那么，一个具有中国特色的政府、企业、公众共同参与的环境治理体系一定能够建成。我国的环境治理能力也会因此而得到极大提高，生态环境保护的成效将愈加显著，生态文明的伟大事业也一定能够实现。

延伸阅读：

2016 年 1 月 8 日，赵建军教授接受中央党校《学习时报》电视访谈，对"绿色发展理念"谈了自己的观点，欢迎读者扫一扫右侧二维码查看详细报道。

三、全球气候变暖带来的挑战①

全球气候变暖已经成为全球人类必须面对的事实。全球气候变暖的后果非常严重，2007 年 11 月 17 日，联合国秘书长潘基文发出警告："世界正处于重大灾难的边缘。"②他呼吁各国政要必须付出更大的努力对抗全球暖化，并指出南极冰盖融化可能导致海平面上升 6 米，淹没包括纽约、孟买和上海在内的一些沿海城市。全球气候变暖主要是由人类活动引起的，发展中国家既是温室气体排放增长的主要来源，也是减排潜力最大的主体。面对严峻的现实，中国必须积极应对气候变化，控制温室气体排放，坚定不移地走可持续发展道路，为国际社会的节能减排目标作出应有的贡献。

---

① 本文部分内容原载《研究生教育》（内部刊物）2011 年第 4 期。原名为：《全球气候变化与可持续发展》。

② 何洪泽、陈继辉、陈一、石华：《联合国秘书长警告：纽约孟买和上海将被淹没》见：http://news.xinhuanet.com/world/2007-11/19/contenl-7104689.htm。

（一）全球气候变暖的表现

导致全球气候变暖既有自然因素（太阳辐射、火山活动、地形变化等），也有人为因素（化石燃料的大量使用、农业生产和植被破坏等）。一个基本表现就是大气中以二氧化碳为主的温室气体（含有甲烷、氧化亚氮等）的浓度在快速提高。

科学研究表明，近年来全球变暖主要与人类活动大量排放的温室气体有关。联合国政府间气候变化专门委员会（Intergovermental Panel on Cli－mate Change，IPCC）的第四次评估报告指出，近 50 年全球气候变暖有超过 90％的可能性是人类活动引起的，主要是燃烧化石燃料造成的。

2012 年 11 月 20 日，世界气象组织在日内瓦发布了 2011 年《温室气体公报》。公报显示，2011 年全球大气中温室气体浓度创下新高。

2011 年《温室气体公报》显示，二氧化碳是大气中最重要的温室气体，2011 年大气中二氧化碳的浓度达到 390.9ppm（即百万分之 390.9）比 1750 年工业革命前的数值增长了 40％。其他主要温室气体的大气浓度在 2011 年也创下新高。其中，甲烷和氧化亚氮的浓度分别比工业革命前的水平增长了 159％和 20％。[①]

2014 年发布的《IPCC 第五次评估报告》显示，全球气候系统变暖的事实是毋庸置疑的。1950 年以来，全球几乎所有地区都经历了升温过程。大气温度的升高对水资源、森林、草原、湿地等生态系统和生物多样性产生了巨大的影响。气候变暖影响着人类生存、生活、生产的方方面面，会阻碍人类的繁衍生息，制约社

---

① 张希焱：《世界气象组织〈温室气体公报〉显示 2011 年全球温室气体浓度创新高》，见：http：//gb.cri.cn/27824/2012/11/21/595153933193.htm。

会经济的发展。

2018年4月中国发布的《中国气候变化蓝皮书》指出，全球变暖趋势仍在持续。2017年，全球表面平均温度比1981—2010年平均值（14.3℃）高出0.46℃，比工业化前水平（1850—1900年平均值）高出约1.1℃，为有完整气象观测记录以来的第二暖年份，也是有完整气象观测记录以来最暖的非厄尔尼诺年份。2017年，亚洲陆地表面平均气温比常年值（1981—2010年平均值）偏高0.74℃，是1901年以来的第三暖年份。[①]

（二）全球气候变暖带来的危害

气候变暖所带来的危险和潜在的危害是显而易见的：冰川融化、海平面上升，众多沿海城市将被淹没，干旱洪涝频发，湿地、湖泊干枯，土地沙漠化，龙卷风、海啸以及山地灾害加剧等。这些现象都将影响人类生存的家园和可持续发展的未来。

1. 气候变暖导致极端天气肆虐全球

2007年，政府间气候变化专门委员会在文件中指出，全球的极端天气事件已经变得更普遍了，其中包括暴雨、暴雪、大旱、热浪天气以及热带风暴。在个别地区，特定种类极端天气的增加被归因于全球变暖，如澳大利亚和欧洲的极度干旱。在北半球和全球范围内，平均降水和极端高温的增加也被归因于全球变暖。伴随全球气候变化，极端天气事件的种类、频率和强度将发生改变。世界气象组织日前表示，近期一系列灾害性天气事件与联合国政府间气候变化委员会报告的推测吻合，即在全球气候变暖的气候背景下，极端天气事件有增多的趋势。厄尔尼诺和拉尼娜现象是全球气候异常的最强信号，厄尔尼诺现象一般每隔2~7年出

---

① 见：http://news.sciencenet.cn/htmlnews/2018/4/408024.shtm。

现一次。20世纪90年代以来，随着全球气候逐渐暖化，这种现象出现得越来越频繁了。全球升温会使海平面温度上升，在诱发厄尔尼诺之后又会产生拉尼娜。而且厄尔尼诺和拉尼娜的出现周期正在不断缩短。

2008年冬天，我国发生了一场非同寻常的雪灾，这场雪灾横扫了华中、华东和华南地区，给中国的运输和能源网络带来巨大的压力。当时，中国的农历新年正好处于暴雪天气最糟的几天，这种极端的天气和春运高峰撞在一起造成了混乱，数以万计归心似箭的旅客滞留在机场和火车站。

2010年，中国的气候异常加剧，全年降水较多，季节和区域分布不均，旱涝灾害交替发生。全年气温偏高、季节偏晚，高温持续的天数创历史新高。极端高温和强降水事件频繁发生，强度之大和范围之广非常罕见，气象灾害造成的损失为21世纪以来之最。气象灾害及其次生灾害造成了严重的经济损失和人员伤亡。

2011年，极端气候盛行，七种极端天气为洪水、干旱、飓风、寒潮、龙卷风、热浪和台风，这是极罕见的。严重干旱、水灾和热浪席卷全球，温室气体排放量继续上升。2011年是19世纪科学家开始记录天气以来15个极度炎热的年份之一，东非、墨西哥和美国出现历史性干旱，北大西洋飓风数量多于平均值，澳大利亚经历了最潮湿的两年。

从2012年2月席卷欧亚多国的强寒天气，到北京"7·21"的暴雨成灾，短短的半年时间，各种"几十年不遇"甚至"百年不遇"的极端天气频繁肆虐地球。

1980—2015年，全球自然灾害事件（包括地质灾害、天气灾害、水文灾害和气候灾害四类）发生次数从1980年的370余次增加到2015年的1060次。

2016 年气象灾害造成全球 2350 万人流离失所。2016 年 11 月至 2017 年 12 月，非洲索马里因干旱导致 89.2 万人被迫离家。

2017 年，气候类的灾害损失创历史新高。2017 年全球平均气温比工业革命前上升了 1.1℃。自 2015 年起，全球连续三年遭遇高温。这导致海平面上升、海洋冰层面积减少和海水酸化，引发了飓风和洪水等气象灾害。在 2017 年，随着全球气候变暖，世界各地气象灾害多发，与气候有关的自然灾害在全球范围内共发生 710 起，损失约 1350 亿美元。[①]

2018 年，根据世界气象组织的观测，北极仍发现罕见高温。该组织称，欧洲等地的寒流、澳大利亚和阿根廷的热浪等"异常气候造成的损失仍在持续"。[②]

2. 全球气候变暖导致冰川融化和海平面升高

近几十年来，全球冰川正以有记录以来的最大速率融化。据英国《卫报》报道，由于全球气候变暖和温室效应，地球上的冰川和冰架目前正在不断消融，而且速度还在进一步加快。仅在 21 世纪前 9 年间，许多冰川、冰盖甚至冰架都相继消失了。冰川是地球上最大的淡水库，全球 70% 的淡水储存在冰川中。冰川融化和退缩的速度不断加快，这意味着数以百万的人口将面临洪水、干旱以及饮用水减少的威胁。[③]

持续上升的海水给大洋上的小岛国拉响了警报。2002 年，最高海拔不到 4.5 米的南太平洋岛国图瓦卢就开始有计划地向邻国

---

① 庄贵阳、薄凡：《中国在全球气候治理中的角色定位与战略选择》，《世界经济与政治》2018 年第 4 期。

② 见：http://k.sina.com.cn/article_2760296044_a486c66c02000544d.html.

③ 《冰川融化速度加快，盘点全球冰川现状》，见：http://baike.baidu.com/new/4905341.htm.

新西兰迁移国民。如果海平面按当前速度一直上升，一些南太平洋的岛国居民将在约 50 年内成为"海洋难民"，被迫迁往其他国家。

与图瓦卢类似的国家还有太平洋岛国斐济。随着气候变化和海平面上升，这个岛国正面临着严重的危机：岛屿和海平面上升。2016 年 2 月，强大的 5 级飓风温斯顿袭击了斐济，海浪配合狂风碾压斐济，大量房屋被毁，44 人死亡。现实就是这样，太平洋上的岛国众多，有些岛国连山都没有，最高处仅比海平面高出几米，在海平面上升浪潮中岌岌可危。

图 3-1　气候变暖，南极生态变样

随着全球地表持续升温，在过去的 130 年中，全球平均温度已普遍升高了 0.74℃；海洋变暖，海平面上升了 19 厘米。对于我国来说，气候变暖导致冰川、冻土和海冰面积减少，极端天气事件发生概率增加，近 30 年的沿海海平面上升速率高于全球平均水平。

3. 全球气候变暖危及人体健康和生命安全

气候变暖的结果之一是气候带的改变，热带的边界会扩大到亚热带，温带部分地区会变成亚热带。在世界上，热带非洲是传染病、寄生虫病的高发地区，是病毒性疾病的最大发源地。而温带地区变暖，使携带这些病原体的昆虫和啮齿类动物的分布区域扩大，从而使那些疾病的扩散成为可能。

气候变暖的另一个结果是，适宜媒介动物生长繁殖的环境扩大，从而使细菌和病毒的繁殖期增加。研究人员认为，气候变暖有利于媒介昆虫的滋生繁衍，提早出蛰，并使其体内的病原体毒力增强，致病力增高。专家指出，全球气候变暖对人类健康最直接的影响是极端高温产生的热效应将变得更加广泛，由于高温热浪强度和持续时间增加而导致以心脏、呼吸系统为主的疾病或死亡增加。

四、绿色发展面临的挑战

绿色是生命的象征、大自然的本色，也应成为发展的底色。将绿色发展作为"十三五"乃至长时期经济社会发展的一个重要理念，将会指引我们更好地实现人民富裕、国家富强、中国美丽、人与自然和谐，实现中华民族永续发展。

（一）中国为什么要走绿色发展道路

中国在贯彻落实科学发展观，走可持续发展道路的今天，在"十二五"规划中明确提出要实行绿色发展，中国为什么如此重视绿色发展？

1. 实施可持续发展战略需要实行绿色发展

可持续发展概念包含了三个基本原则，即公平性原则、持续性原则和共同性原则。核心思想是在不降低环境质量和不破坏世界自然资源的基础上发展经济，并使后代能够享有充分的资源和良好的自然环境；目标是建立节俭资源的经济体系，从根本机制上改变高度消耗资源的传统发展模式。

绿色发展则将环境资源作为社会经济发展的内在要素；把实现经济、社会和环境的可持续发展作为绿色发展的目标；把经济活动过程和结果的"绿色化""生态化"作为绿色发展的主要内容和途径，提倡保护环境，降低能耗，实现资源的永续利用。因此，实行绿色发展是实现可持续发展的有效途径。

2. 破解日趋严重的生态问题需要实行绿色发展

伴随着工业化发展的道路，中国也如同世界其他工业化国家一样，生态环境问题成了一个挥之不去的噩梦。越来越多的耕地、草原、森林及植被遭到破坏，造成大量水土流失、土地沙漠化、生物多样性减少、自然灾害、环境污染等方面的问题，并呈现出愈来愈严重的趋势；工业垃圾、城市垃圾与日俱增，包围了我国2/3的城市；碳排放量增多，大气污染严重。

由此可见，中国生态问题愈演愈烈，强烈呼吁实行和谐的绿色发展。

3. 摆脱目前的能源困境需要实行绿色发展

世界发达国家能源结构，正朝着高效、清洁、低碳或无碳的天然气、核能、太阳能、风能方向发展。相比而言，我国的能源具有"富煤、贫油、少气"的特点。此外，我国能源结构层次低下，属于"低质型"能源结构；能源利用率较低，单位产值的资源消耗与能耗水平明显高于世界先进水平；能源安全存在隐患，特别是石油进口已超过 50％，世界能源供需格局的变化，以及时局动荡期间运输线路的通畅问题严重威胁着我国的能源安全。

在如此严峻的能源形势面前，我们只有尽快转变能源消费结构，改用高效、低碳的清洁能源，方能提高效率、减少污染、消除安全隐患。因此，绿色发展势在必行。

（二）中国绿色发展面临的挑战

党的十九大指出："推进绿色发展，加快建立绿色生产和消费的法律制度和政策导向，建立健全绿色低碳循环发展的经济体系。构建市场导向的绿色技术创新体系，发展绿色金融，壮大节能环保产业、清洁生产产业、清洁能源产业。推进能源生产和消费革命，构建清洁低碳、安全高效的能源体系。"即构建绿色低碳循环发展的经济体系、市场导向的绿色技术创新体系、清洁低碳安全高效的能源体系。这三大体系的构建，成为推动我国新时期绿色发展的有力支撑。但是当前中国处于经济社会转型的新时期，很多因素都处于不稳定状态，因此三大体系的构建在推动绿色发展上仍面临许多不足与挑战。

1. 传统经济体系向绿色低碳循环经济体系转换存在滞后性

长期以来，我国的经济增长方式是典型的"三高三低"，即高投入低产出、高消耗低收益、高速度低质量。这种传统的经济增长方式是典型的粗放型经济增长方式，它是传统的计划经济体制产物。在这种经济体系下政府管理经济主要靠行政手段，既管宏观又管微观，市场在经济调节中并没有发挥其应有的作用，造成了经济上的低效率和低效益，使我国经济增长主要是以粗放型经济增长方式实现。

目前来看，我国的生态问题主要归结于传统粗放的经济生产方式。许多地区的经济发展都以牺牲生态环境为代价。中国的粗放型经济发展方式已经造成了资源的浪费。在国内资源总量一定的前提下，只有改变固有的发展模式，坚持可持续发展，把效益高、消耗低、污染少、低碳循环作为发展特色，才能走出我们自己的新型工业化道路。但目前来看，我国绿色低碳循环经济体系的构建仍有一段很长的路要走，出现这样的情况，是因为经济发展方式的转变存在诸多客观因素。首先，特殊的资源禀赋结构使得粗放型增长方式得以产生和延续；其次，经济发展阶段的制约强化了粗放型增长方式的惯性；再次，重速度轻效益的思维定式拖慢了增长方式转变的步伐；最后，人口压力和就业问题成为经济增长方式转变的绊脚石。

因此，实现低碳循环的经济发展体系，我们仍面临着许多困难与挑战。习近平总书记在 2018 年全国生态环境保护大会上也指出："我国经济已由高速增长阶段转向高质量发展阶段，需要跨越一些常规性和非常规性关口。我们必须咬紧牙关，爬过这个坡，迈过这道坎。"

2. 技术创新能力不足，整体技术水平落后

要构建以市场为导向的绿色技术创新体系，我们面临着技术创新能力弱、整体技术水平不高的严峻挑战。马克思曾指出："科学技术是最高意义的革命力量。"新的绿色技术创新体系不仅仅是传统技术体系的升级换代，更是对人类发展理念、社会技术支撑体系和市场需求的变革。绿色技术是技术的一种新形式，是以绿色意识为指导，以人和自然和谐相处为价值判断，以有利于节约资源、减少污染，促进社会、经济与自然环境协调发展的科学与技术。绿色技术引领和支撑着人类的生态文明建设，推动着绿色发展。

绿色技术创新体系的构建，是支撑我国绿色发展的基础。在当

前新一轮科技革命和产业变革到来之际，我国绿色发展的方向就在科技创新之中。科技创新的绿色化方向，即绿色技术的推广和应用，可以作为绿色发展良好的战略基点。基于该战略基点，我国可以加快培育和发展战略性新兴产业，掌握核心技术，培育新的经济增长点，发展一批极具市场竞争力的产品；并且通过传统产业和绿色技术结合的方式，推动传统产业的优化升级，用循环、系统的总体思路构筑绿色发展之路。

但我国目前的整体技术水平、技术创新能力仍然较为落后。当前，我国科技创新仍然存在着基础科学研究短板突出，重大原创性成果缺乏，科技成果转化能力不强，尖端人才与团队欠缺，全社会激励创新、包容创新机制和环境优化等亟待解决的问题。在绿色技术创新领域，我们的低碳技术开发能力和关键设备制造能力较差，产业体系薄弱，与发达国家有较大差距。我国与发达国家在环保技术方面也有较大落差，许多高科技环保技术仍然需要进口，产品的科技含量、制造质量和运行成本与发达国家相比有不小差距，一些市场需求量较大的污染治理设备还没有自己的制造技术，在烟气脱硫、大中型生活污水集中处理和高浓度有机废水处理领域还不具备高科技含量设备的设计能力，难以与国外产品匹敌。① 同时，我国一些重点行业中落后工艺所占的比率仍然较高，落后工艺技术的大量存在和先进技术的缺失，是我国推进绿色发展的重大阻碍。

尽管《联合国气候变化框架公约》规定发达国家有义务向发展中国家提供技术转让，但实际情况却不是这样。在许多情况下，

---

① 徐冬青：《生态文明建设的国际经验及我国的政策取向》，《世界经济与政治论坛》2013年第6期。

中国只能通过国际技术市场购买引进技术。据估计,以 2006 年的 GDP 计算,中国由高碳经济向低碳经济转变,年需资金 250 亿美元。对中国而言,这显然是一个沉重的负担——这还不包括短期内对经济增长的影响产生的巨大成本。另外,我国的科技创新进程较为缓慢,诸如传统的科技创新观对绿色科技创新的制约,有关环境保护的法律法规不健全,环境管理的疏漏,影响企业对绿色科技创新投入的信心。

3. 清洁低碳安全高效的能源体系构建尚有差距

能源是社会经济发展、社会产业运行的基础。在人类文明的进程中起到了至关重要的作用,促进了生产力以及社会经济的发展。从目前来看,传统化石能源体系存在着巨大的问题:一是它的储存有限,濒临使用枯竭;二是它的大量使用严重污染环境,不利于可持续发展,因此,传统能源结构体系的使用模式难以持续使用。

党和政府追求的绿色发展是“在实践中就是要按照科学发展观的要求,走出一条低投入、低消耗、少排放、高产出、能循环、可持续的新型工业化道路,形成节约资源和保护环境的空间格局、产业格局、生产方式和生活方式”。[1] 十九大提出要构建清洁低碳安全高效的能源体系,推动能源生产和消费革命。在 2018 年全国生态环境保护大会上,习近平总书记也明确指出:“全面推动绿色发展的重点就是调整经济结构和能源结构,优化国土空间开发布局,调整区域流域产业布局,培育壮大节能环保产业、清洁生产产业、清洁能源产业,推进资源全面节约和循环利用。”

但是我国地方上传统的高能耗、高污染的工业仍然占较大比

---

① 马凯:《大力推进生态文明建设》,《国家行政学院学报》2013 年第 2 期。

重，甚至在世界总量中的比重都非常高。以钢铁、煤炭、水泥等产业为例，地方上的高污染、高耗能的情况在过去的多年时间并没有得到根本改变。虽然我国单位 GDP 能耗不断降低，但工业规模的急剧扩大使得资源和环境承载力几乎接近极限。我国工业经济仍然占据主导地位，重污染行业仍占较大比重，化工、火电、冶金、石化等 14 类重污染行业的工业产值占全国工业总产值 60%以上。较多的高消耗、高污染企业，给我国地方的经济环境带来了严重影响。目前，我国正处于工业化加快推进阶段，产业结构重型化的态势难以在短期内扭转，高耗能产业仍将保持较快增长。产业结构不合理，不仅影响了经济整体素质的提高和发展潜力的提升，而且加大了自然环境的压力，造成了生态环境的失衡。这是当前生态文明建设中面临的最重大的挑战。

与此同时，我国在短时期内仍无法摆脱传统能源使用的束缚。在我国能源消费结构中煤炭比例过大，长期占 70%左右，而发达国家煤炭的比重不足 30%，我国以煤为主的能源结构在未来相当长的一段时间内不会发生根本性改变。与石油、天然气等能源相比，单位热量燃煤引起的二氧化碳排放比石油、天然气分别高出约 36%和61%，以煤为主的能源结构必然会产生较高的排放，这意味着我国温室气体排放总量将在一个较长的时期内处于较高水平。

五、绿水青山向金山银山转化面临的挑战

"两山理论"是习近平总书记提出的关于经济社会发展与生态环境保护双赢的理念，是指导我国生态文明建设、解决我国生态问题的理论基石。我国改革开放四十年来，坚持以经济建设为中心，社会主义建设取得了巨大成就，经济持续快速增长，现代化

工业实现了跨越式发展，人民生活水平显著提高。但是也因为如此快速、粗放的发展，我国的生态环境问题尤其突出，大气、水、土壤污染情况都很严重，资源、能源情况也不容乐观。实现绿水青山向金山银山的合理转化仍然面临许多挑战。

（一）挑战一：绿色发展理念与生态意识淡薄

"绿水青山"是指人类一切生活生产所需要的自然环境，"金山银山"则体现为人类社会的经济发展。习近平总书记指出的绿水青山就是金山银山，就是将对自然环境的态度置于人与自然协调发展的目标之内考虑。"绿水青山"放置不理就只是自然的生态系统，不对人类社会发展具有太多的社会价值，不符合人类的发展理念。但是"绿水金山"通过人类有意识的科学实践就必定会变成满足人类发展理念的"金山银山"。

"绿水青山"与"金山银山"本质上是对立统一的双生概念，若要实现绿水青山向金山银山的转化，关键就是要树立正确的发展理念与合理的生态意识。将自然环境保护与经济社会发展协调统一，在合理的自然环境承载范围内，实现二者的转化。但是在绿色发展的理念与生态意识的确立上，我们与发达国家相比仍然有较大的差距。长期以来，人类中心主义的强化，功利主义的使然，以及错误的认识致使人们把征服、掠夺自然作为理所当然的人类行为，甚至标榜为现代化的楷模，无视自然的价值，环保意识薄弱。我国尚无规范化的环境宣传教育体制，各级环境宣传教育工作的职责、机构、队伍和工作机制不够统一，建设资源节约型和环境友好型社会的观念尚未深入人心。环境宣传教育工作的理论指导和实践效果滞后于当前社会环境保护的需要。这就导致了"绿水青山"与"金山银山"之间的矛盾与对立。

"绿水青山"向"金山银山"的合理转化需要树立合理的发展

理念与生态意识，因此只有通过绿色发展，才能实现绿水青山源源不断向金山银山转化，否则都是"竭泽而渔"式的暂时利益。"绿水青山"是自然生产力，"金山银山"是在自然生产力基础上转化的现实生产力。但是我国长期以经济发展为主要目标，受工作惯性影响，忽视"绿水青山"而重视"金山银山"的现象依旧严重。虽然民众的生态诉求日益强烈，但大部分人仍对合理的绿色发展理念缺乏科学的认知，生态意识依旧淡薄。在全社会尊重自然、保护自然、顺应自然的生态文明理念还没有形成。虽然在国家层面"绿水青山就是金山银山"的重要理论已经成为一种共识，但是在普通民众中，这种生态环境保护和经济社会发展双赢的观念还远未深入人心。只有当全社会牢固树立合理的绿色发展理念与生态意识观之后，才有可能在个人、团体、企业、行业等的实践中真正落实"两山理论"，从而引导"绿水青山"向"金山银山"的合理转化。

（二）挑战二：生态文明建设体制机制保障不完善

党的十九大指出："要加强对生态文明建设的总体设计和组织领导，完善生态环境管理制度。"良好的生态环保制度，是我们推进绿水青山向金山银山合理转化的根本保障。在2018年的全国生态环境保护大会上，习近平总书记也指出要加快推进生态文明顶层设计和制度体系建设，加强法治建设，建立并实施中央环境保护督察制度，用最严格制度最严密法治保护生态环境，加快制度创新，强化制度执行，让制度成为刚性的约束和不可触碰的高压线。

"绿水青山"向"金山银山"的转化是建立在处理好人与自然和谐关系的基础上，是建立在生态承载力和资源承受力的基础上，是将环境保护和可持续发展作为发展目标的科学、可持续的发展模式。绿色发展统筹了人类自身与生态环境的两个发展，并将人类自身与自然协调起来达到一种"绿色"的"人化自然"，以达到经济与生态的和谐进步。实现这一目标的关键是政府主导的生态环保制度的落实。但是改革开放以来，经济指标成为党政领导政绩考核的主要依据，在一定程度上缺乏对"绿水青山"等资源环境保护的积极性，同时生态文明建设的价格、税收体系也尚未建立。资源价格扭曲，资源价格不能反映资源的稀缺程度，还未形成按照市场定价机制配置生态环境资源的价格体系，资源税税种设置不全，排污收费制度下税费过低，企业没有足够的动力进行污染治理与技术创新。同时，我国资源环境保护的法律制度不健全。虽然经过多年努力，我国已初步形成了一系列资源环境保护的法律法规和制度，但现行的环境立法中还存在部分立法空白、乏力、操作性不强等方面的问题。总的来看，资源环境保护的法律、法规制度建设工作没有真正走向法制化和规范化的轨道；我国政府在实现环境保护、进行生态建设方面的投资远远落后于投入到实际生产之中的比例，很难确保生态环境的可持续发展。并且政府在推进经济发展的过程中，往往以牺牲"绿水青山"的自然环境为代价，片面的追求"金山银山"的经济利益。政府作为经济发展和环境保护的主导者，如果不能处理好"绿水青山与金山银山"的关系，就会造成管理的偏颇。因此，完善生态文明的制度体系建设是落实"绿水青山"向"金山银山"转化的保障。

（三）挑战三：缺乏因地制宜的系统实现路径

"绿水青山"泛指人类及生物的生存环境以及各种自然资源，"金山银山"表现为以经济社会发展为目的的人类文明。我国是一个人口大国，自然资源分布不均，各个区域的经济及自然资源的发展情况也不尽相同。马克思曾经指出自然生产力是社会生产力的基础。

"绿水青山"向"金山银山"转化，是以宝贵的自然资源、自然物质为基础从而为广阔的经济活动提供发展空间。绿水青山转化为金山银山，是一项系统的工程，它要涉及经济社会发展、城乡发展、土地资源利用、水资源利用、生态环境保护、民生改善、美丽乡村建设等重大问题，离不开系统的路径规划引领。但我国各地区的自然资源不同，经济发展水平不一，因此，"绿水青山"向"金山银山"的合理转化缺乏系统的路径设计与引领。

这要求我们在规划"绿水青山"转化为"金山银山"的路径时，要根据不同区域自身的实际情况，设计充分发挥其资源环境优势的差异化技术转化路线。例如一些生态基础好而经济发展落后的西部西南部地区，在"两山理论"的实践转化中将具有较强的代表性。这些地区可以依托区位和生态资源优势，借助生态文明试验区平台，因地制宜推进"绿水青山"向"金山银山"转化的路径及模式探索。"绿水青山"并不直接等于"金山银山"，二者之间需要系统的可持续转化方式。因此，在生态文明试验区的平台上，我们要集中改革资源，才有可能形成转化的路径及合力，最终在一些体制改革力度较大并且改革相对容易的区域得到突破，系统地实现这种转化。就全国层面看，不同的区域有不同的资源环境优势和产业基础，因此转化方式也是多样化的，这需要我们结合当前国家层面的政策环境和技术发展趋势来设计合理系统的转化路线。

第四章 新路径：建设生态文明的宏伟征程

一、树立理念：生态文明建设的基础与前提

十九大报告强调了生态文明建设的重要性，建设生态文明是中华民族永续发展的千年大计。而在 2018 年 5 月的全国生态环境保护大会中，生态文明建设被提升为"关系中华民族永续发展的根本大计"。生态文明建设战略高度的提升不仅对中国自身发展具有重要而深远的意义，而且对维护世界生态安全具有重要意义。这充分体现了中国共产党对人类文明形态的前瞻性把握，是顺应时代发展要求的伟大理论创新，是立足世情、国情、党情的重大决策，是应对既要发展经济又要保护环境双重挑战的可行性抉择，是实现可持续发展、科学发展的周密部署。生态文明建设理念是由新文明观"生态兴则文明兴，生态衰则文明衰"、新发展观"绿水青山就是金山银山"、新系统观"山水林田湖草是一个生命共同体"、新自然观"人与自然和谐共生"构成的系统。树立生态文明理念，需要深刻认识生态文明理念的重要性，培养人类对待自然的正确态度，在全社会普及和树立生态文明理念。

（一）生态文明理念对生态文明建设的重要性

生态文明理念是以马克思主义自然观为基础，对人与自然辩证统一关系的科学论断，是马克思主义自然观的应有之义，有助于"五位一体"总布局的实现，有利于构建"美丽中国"，是生态文明建设的基础和前提。

生态文明理念的哲学基础就是人与自然辩证统一的关系，人与自然和谐共生及人与自然是生命共同体等理念都是马克思主义自然观的应有之义。马克思的观点中，现实的自然是在人类实践活动中不断生成的，人与自然的关系体现为以人的实践活动为中介的物质变换过程。"尊重自然"，作为一项首要原则，就是在尊重自然的同时尊重人类自身，因为"自然界是人的无机身体"，对自然的尊重实质上就是对人的需要及其物质生活生产的尊重。"顺应自然"，是顺应自然的客观规律，也是顺应物质生活生产的规律。只有如此，生产者才能将物质变换的过程置于控制之下，也就是能更好地进行实践活动。"保护自然"，体现了人与自然和谐共生的主体责任。人与自然的辩证统一、和谐共生是在人的实践活动基础上实现的，人是生产实践的主体，"保护自然"其实质是对人类主体地位及其永续发展的保障。

生态文明理念有助于实现"五位一体"的总体布局。"五位一体"的几个方面是相互影响、相互制约的。生态文明建设为政治建设、经济建设、文化建设和社会建设提供理论依据和方向。实现生态文明，构建美丽中国；实现人与自然的和谐是我国的发展方向；而政治建设、经济建设、文化建设和社会建设又为构建美丽中国的共同理想奠定了基础；经济的发展，生产力水平的提高，政治制度的健全，科学、教育、文化、卫生等事业的发展以及社会的不断完善都为生态文明建设提供了保障。而我国的生态文明建设中，理念相对比较欠缺。长期以来片面强调生产力的发展，普通群众也不知道如何实践人与自然的可持续发展，如何把生态文明理念作为行为规范和准则运用在实际中。因此，我们必须大力发展生态文化、树立生态文明理念，用生态思想来规范、引导人们的行为。

图 4 - 1　新疆伊犁油菜花田

　　生态文明理念有助于实现"美丽中国"，最终实现中华民族伟大复兴的中国梦。改革开放以来，我国的现代化建设取得了很大的成就。同时，人口、资源、环境问题也日益突出，如何解决"生态危机"已经成为当前必须要解决的问题，残酷的现实要求我们必须建设"美丽中国"。把"美丽中国"的建设渗透在政治、经济、文化、社会等其他方面，着力推进绿色发展、循环发展、低碳发展，推进生态文明建设，为人民群众创造一个良好的生产生活环境。而生态文明理念的提出，在理论层面上指导了生态文明体制建设，把生态文明理念放在了更突出的地位。在实践层面上看，具体提出了应如何处理人与自然的关系，处理生态建设和经济发展的关系等，是实现"美丽中国"的基础。

（二）生态文明理念中自然的地位

自然是人和一切生物的摇篮，是人类赖以生存和发展的基本条件。中国的许多典籍都论述了尊重自然的理念。如《周易·条辞传》中有"天地之大德曰生"，意思就是天地之间最伟大的道德是爱护生命，万事万物皆有生命，都应该受到尊重。庄子也说"长者不为有余，短者不为不足。是故凫胫虽短，续之则忧；鹤胫虽长，断之则悲"。[①] 这就是庄子的"道"，就是要尊重自然，尊重物性众生平等。美国哲学家泰勒认为，人类应该有尊重自然的态度，他将这种态度看作深度的终极态度。他说："采取尊重自然的态度，就是把地球自然生态系统中的野生动植物看作固有的价值的东西。"[②] 尊重自然就是符合生态文明的一种终极的道德态度，是一种基本的伦理原则，这种道德必须在日常生活的实践中通过一系列相应的规范和准则表现出来。尊重自然就是起源于天赋权利，它不因外在的法律、信仰、习俗、文化或政府的赋予而改变，它是不证自明且有普遍性的。

顺应自然是人类善待自然的一种态度，体现了自然的地位和内在价值。老子说"道法自然"。无论自然之道、社会之道，还是人为之道都是以自然为师，顺应自然则能与外界和谐相处，违背自然则会产生矛盾。庄子说"不以心损道，不以人助天"。意思是不会因心智的欲求而损坏自然，也不会用人为的方式辅助自然，这

---

① 《庄子·骈拇》。
② P. W. Tayor：*Respect for Nature*. Princeton University Press，1986：p. 71.

就是顺天而行，顺势而为，顺应自然。荀子也说"天行有常，不为尧存，不为桀亡……循道而不贰，则天不能祸"。其含义就是遵循自然之道治国而不出偏差，天就不会使人受祸。古希腊斯多亚学派认为，顺应自然的生活就是至善。如芝诺说："与自然相一致的生活，就是道德的生活，自然指导我们走向作为目标的道德。"古罗马的赛涅卡也指出要顺应自然而生活，他说："我听从自然的指导——这是所有斯多亚派一致同意的一条原则。决不偏离自然，根据自然的规律和模式塑造我们自己，这才是真正的智慧。"① 当代的深层生态学者正是在吸收古代顺应自然的思想理念基础上，提出他们对自然的态度。如著名学者卡普拉强调：在当代世界正经历着一场价值观、道德观和文明范式朝着深绿化发展的变革，而这种深绿化变革的实质就是要我们对自然的态度应从主宰和控制而改变为合作和非暴力的态度，即回到老子的"同于道"、顺应自然的原则②。

　　由于人类的生产、生活不可避免地对自然造成破坏，因此有必要树立保护自然的理念。中国古代很早就有环保思想，如夏朝曾颁布了著名的保护自然的法规《禹之禁》，提出："春三日山林不登斧斤，以成草木之长，入夏三日，川泽不施网罟，以成鱼鳖之长，不麛不卵，以成鸟兽之长。"孟子表达过相近的思想，他说："不违农时，谷不可胜食也，数罟不入洿池，鱼鳖不可胜食也，斧斤以时入山林，林木不可胜用也。"③ 人们按照适当的时间和方式

---

① 〔古罗马〕塞涅卡：《强者的温柔：塞涅卡伦理文选》，包利民等译，中国社会科学出版社 2005 年版，第 347 页。

② 朱晓鹏：《论西方现代生态伦理学的"东方转向"》，《社会科学》2006 年第 3 期。

③ 《孟子·梁惠王上》。

播种、捕鱼、砍柴，就可以获得持续的发展。《管子》《吕氏春秋》《淮南子》等书中都不同程度包含了保护自然的思想。美国著名生态学家利奥波德的《沙乡年鉴》被认为是一部环境保护主义的圣经，他批评了为人类的利益而保护某些自然物的保护主义，提出了一种整体主义的保护主义，即为了生态整体的利益（包括人类的长远利益）而保护整个地球。挪威哲学家奈斯是深层生态学的开创者，他的"自我实现"是指与所有生命共存，超越狭隘的自我，能够从他者中看到自身，人类的自然天性就是保护地球。他说："人类生活最丰富之处，是与生命共同体的认同。有了这样的认同，人类将会正确地保护自然环境。"① 保护自然是对尊重自然、顺应自然理念的补充，三者的结合才使生态文明理念得以圆满。人类利用自然求得生存和发展，在此过程中，如果没有保护自然的思想，那么人与自然的矛盾必将无法得到真正解决，人与自然和谐共生则将流于空想。

生态文明理念中的三种对待自然的态度是统一的、不可分割的，不能厚此薄彼或者顾此失彼，缺少其中任何一个态度都是不完整、不健全的，对生态文明建设将不能发挥应有的指导作用。建设生态文明应认识、理解和树立正确的生态文明理念，有了科学的理念，就有了行动的指南。思想问题解决了，行动就会水到渠成。十九大报告中提出的人与自然是生命共同体的理念是对人类自然观念的总结和发展，是符合当下生态文明建设实践的最科学、最先进、最合理的论述和表达。全社会如果能够牢固树立生态文明建设理念，那么必将有力地促进中国的生态文明建设，必将推动人与自然的和谐发展，必将为最终实现共产党的崇高社会

---

① 刘耳：《当代西方环境哲学述评》，《国外社会科学》1999年第6期。

理想奠定扎实根基。

（三）在全社会普及和树立生态文明理念

建设生态文明应首先认识、理解和树立先进的生态文明理念，有了科学的理念，就有了行动的指南。思想问题解决了，行动就会水到渠成。

1. 要大力宣传生态文明理念，使之为人所真知、熟知、深知

生态危机的存在一方面源于人类的无知，另一方面源于"人类中心主义"的思想观念。对自然的探索以及对人与自然关系问题的思考虽然由来已久，其间不乏真知灼见，但伴随着工业文明的崛起，人性中贪婪、狂妄、自大等恶的一面难以遏制。这种状况导致了人类把自然中的其他一切视为无物，视为可以妄加裁决的、任意处置的羔羊。自然不再像先哲们认为的那样是人类的家园，人与自然的关系从统一走向对立。面对日益严峻的生态形势，人类因自身的生存受到威胁而开始反思，生态文明理念逐渐产生、扩散、壮大。

生态文明理念是否已经深入人心，成为公众的主流思想，当下还言之过早。生态文明理念虽然已经被证明是符合历史发展潮流的真知，但其内涵还不为人所熟知、深知。由于宣传不到位，加上固有的、习惯性的观念影响，还会产生许多淡然处之、漠然视之或者公然抵之的现象，从而限制生态文明理念的扩散。要用生态文明理念武装人们的头脑，就必须通过报纸、电视、广播、网络等媒体的大力宣传，使公众能够轻易地获得必要的信息，加深对环保科普知识的了解，对生态危机的产生、发展、演变等规律的了解，对生态文明的必要性及迫切性的了解，对人与自然和谐的了解和对自身的行为责任的了解等。通过对比自身的行为方式与生态文明理念的差异，找出差距，寻求转变。只有从不知、无

图 4-2　青海省三江源：谱写人与自然的和谐乐章

知达到熟知、深知，生态文明建设才有成功的希望。

2. 要通过教育、社会风尚、伦理道德等引导人们树立生态文明理念

目前，中国大、中、小学校的在校学生有两亿多人，他们是中国未来生态文明的建设者。生态文明理念如果能够在学校、老师和学生的心里扎根，那么未来中国的生态文明一定能够发芽、开花、结果。所以要以中小学和高校为主战场，推动生态文明理念走入校园。在全国大中小学开展系列公益活动，宣传生态文明理念，普及生态文明知识，培养中国未来建设者的健康、环保、绿色生活的良好习惯。可以通过多种形式，如环境教育、参观讲座、展览展示、评优竞赛、文艺活动，把生态教育与学生的健康成长紧密结合。生态文明理念可以作为一种文化的传承，通过教育使之得以延续并注入不竭的动力，同时，可以提升全民族的生态文

化素质。

社会风尚和伦理道德是一种软约束，它能影响人们的价值取向和行为习惯，并以一种非正式的力量制约人们的行为，形成一种生态文明的社会风尚和伦理道德，这将极大地促进生态文明理念的传播。这种道德教化在发达国家是有成功实践的。1991 年，美国把 10 月定为"节能宣传月"。至今已有 23 年的历史。每到宣传月，美国政府、商业组织或协会都会举办各种活动向公众宣传节能环保知识，鼓励人们在日常生活中身体力行地减少能源消耗。社区的居民在各种活动中受到了教育，培养了节约、环保的生态理念和意识。可见，社会风尚、伦理道德与学校的生态文明教育共同构筑了公众的生态文明理念。

3. 要引导政府、企业承担各自的生态责任

生态文明建设的公益性要求政府必须发挥主导作用，但是如果政府的发展观和政绩观仅停留在"唯 GDP 至上"的层次，那么势必影响地区或国家的总体生态文明建设水平。而且政府作为一种公共权威的代表必然对其他社会组织、公众造成不良影响。因此，政府不仅要承担自己的生态责任，而且要纠正市场机制中由于"市场失灵"所导致的经济外部效应，成为生态文明建设中合格的领导者、组织者和管理者。

有人把全球性的生态危机归根于资本的全球化，认为生态危机是资本追逐利润最大化的结果造成的。这种说法是有一定道理的，主要表现在企业生态责任的缺失上。为此，西方社会发起了企业社会责任运动，并引入 SA8000 企业责任体系，其主题就是"劳工保护、消费者权益保护和环境保护"，借此加以规范企业的生态行为。企业不能只追求经济效益而忽视生态效益，不能用一堆经济数字和图表代替天蓝、地绿、水净的生态环境，企业只有确立生

态文明理念，才能自觉地承担起维护生态平衡和保护环境的责任，才能为公众的绿色消费提供适宜的绿色产品，才能走上绿色发展之路。

延伸阅读：

2013 年 7 月 9 日，赵建军教授接受《中国纪检监察报》访谈，提出"中国梦题中之义——天蓝、地绿、水净"，欢迎读者扫一扫右侧二维码查看详细报道。

相关链接：

2017 年 8 月 29 日，河北卫视新闻联播播出了名为"牢记使命 艰苦创业 绿色发展——塞罕坝：生态文明建设的生动范例"的报道，欢迎读者扫一扫右侧二维码观看视频。

二、制度建设：生态文明建设的根本保障

我国的生态文明制度不是一蹴而就的，而是在社会主义实践中汲取前人的优秀思想和经验演进而来的。从诞生之初到现在，我国的生态文明制度经历了萌芽、成熟和发展等不同阶段。以毛泽东时代的生态文明建设思想为奠基，邓小平充分认识到生态环境保护的重要性并"集中力量制定刑法、民法、诉讼法和其他各种必要的法律"[①]；江泽民立足于我国的国情，提出了以可持续发展

---

① 《邓小平文选》第 2 卷，人民出版社 1994 年版，第 146 页。

为核心的生态文明思想，将"可持续发展能力不断增强，生态环境得到改善，资源利用效率显著提高，促进人与自然的和谐，推动整个社会走上生产发展、生活富裕、生态良好的文明发展道路"正式写入党的十六大报告，并先后制定了多项关于生态环境保护的法律法规。

经过一段时间的努力，胡锦涛在党的十六届三中全会上提出"坚持以人为本，树立全面、协调、可持续的发展观，促进经济社会和人的全面发展"的"科学发展观"。党的十七大将科学发展观正式写入党章，成为党的重要指导思想之一。十七大报告明确将生态与政治、经济、文化、社会视为同等重要的内容，构建"五位一体"国家总体战略布局。可见，生态文明建设在我国发展过程中已经上升到党和国家的政治意志。由此，我国的生态文明制度建设日趋成熟。

（一）从十八大到十八届三中全会：生态文明制度日趋成熟

2012 年 11 月 8 日，党的十八大召开，十八大报告提出："建设生态文明，是关系人民福祉、关乎民族未来的长远大计。"要把生态文明建设摆在突出地位，融入经济建设、政治建设、文化建设、社会建设各方面和全过程，努力实现美丽中国，实现中华民族永续发展。同时，还明确强调，保护生态环境必须依靠制度。建立和完善耕地保护制度、水资源管理制度、环境保护制度；建立反映市场供求和资源稀缺程度、体现生态价值和代际补偿的资源有偿使用制度和生态补偿制度。除此之外，还提出要积极开展节能量、碳排放权、排污水权交易试点等一些具体政策措施。这为今后完善生态文明制度体系提出明确方向，也意味着生态文明制度体系发展到成熟时期。

十八大后，党和政府不断对我国生态文明建设的制度政策设计进行新的探索。2013 年 5 月 24 日，在十八届中央政治局第六次集体学习时的讲话上，习近平总书记提出保护环境必须依靠制度、依靠法治。只有实行最严格的制度、最严密的法治，才能为生态文明建设提供保障。首先，"要牢固树立生态红线的观念。在生态环境保护问题上，不能越雷池一步，否则就应该受到惩罚"。其次，要完善经济社会发展考核评价体系，把绿色 GDP 纳入考核范围；要建立对领导干部的责任追究制度，对不顾生态环境盲目决策、造成严重后果的人，必须追究其责任；要建立健全资源生态环境管理制度，加快建立国土空间开发保护制度，强化水、大气、土壤等污染防治制度，建立反映市场供求和资源稀缺程度、体现生态价值和代际补偿的资源有偿使用制度和生态补偿制度，健全环境损害赔偿制度，强化制度约束作用。同年 9 月 12 日，国务院公布了《大气污染防治行动计划》。这被称为史上最严格的大气治理计划。同年 10 月，中央财政安排 50 亿元用于京津冀蒙晋鲁六省份的大气污染治理工作。10 月 30 日，十二届全国人大常委会立法规划公布，其中已明确的 68 件立法项目中，修改土地管理法、环境保护法、大气污染防治法、水污染防治法等，制定土壤污染防治法、核安全法等 11 项法律涉及生态文明建设问题。

2013 年召开的中共十八届三中全会通过的《中共中央关于全面深入改革若干重大问题的决定》，强调了制度引领我国各领域建设，坚持用制度管权、管人、管事，全面深化各领域改革。该《决定》还着重强调，必须建立系统完整的生态文明制度体系来建设生态文明。这是我国首次提出要建立生态文明制度建设的体系。全会公报中阐明，建设生态文明，必须建立系统完整的生态文明制度体系，用制度保护生态环境。要健全自然资源资产产权制度和用途管制制度，划定生态保护红线，实行资源有偿使用制度和生态补偿制度，改革生态环境保护管理体制。

这次会议明确把建设美丽中国作为深化生态文明体制改革的核心，首次提出"健全自然资源资产产权制度和用途管制制度"，提出对"限制开发区域和生态脆弱的国家扶贫开发工作重点县取消地区生产总值考核"，提出"对领导干部实行自然资源资产离任审计""建立生态环境损害责任追究制"，首次对"实行资源有偿使用制度和生态补偿制度"进行系统细化，提出"改革生态环境保护管理体制"，并将林业纳入生态文明体制改革的范围。

（二）《生态文明体制改革总体方案》：完善了生态文明制度体系的"四梁八柱"

2015 年 5 月，中共中央、国务院印发《关于加快推进生态文明建设的意见》，这是党中央对生态文明建设进行全面部署的首个文件，将生态文明建设独立立项侦查、纵深推进。同年 9 月，《生态文明体制改革总体方案》颁布，进一步增强生态文明体制改革的系统性、整体性和协同性。该方案对制度体系做了详细规定，一共提出了 15 项生态文明制度、5 项生态文明体制、5 项生态文明机制，表明以习近平为核心的党中央将生态文明制度建设向系统化、实效化的方向深度推进。十八届五中全会首次将"绿色"作为"十三五"规划五大理念（创新、协调、绿色、开放、共享）之一，开启了我国生态文明建设新局面。

如今提到的生态文明建设的"四梁八柱"，"四梁"指的是十八大报告明确的"优化国土开发、促进资源节约、保护生态环境与健全生态制度"四大任务，"八柱"主要来自 2015 年中共中央、国务院印发的《生态文明体制改革总体方案》，在该方案中，除了提出应树立的理念、坚持的原则、改革目标以外，还额外明确了八项制度即自然资源资产产权、国土开发保护、空间规划体系、资源总量管理和节约、资源有偿使用和补偿、环境治理体系、市场体系、绩效考核和责任追究，这八项制度构成了如今生态文明制度的重中之重。

生态文明建设的"四梁八柱"覆盖全面，内容详尽，为生态文明体制改革指明了新的、正确的方向。其中，自然资源资产产权制度建立了统一的确权登记系统，使自然资源产权体系权责分明，健全了国家自然资源资产管理体制，坚持了我国自然资源资产的公有制性质，建立起了自然资源资产的产权交易制度，发挥了自然资源的生态价值，创造了生态财富。国土空间开发保护制度完善了主体功能区制度，使国土空间的管制制度更加健全，国家公园的数量不断增加，生态红线得以划定，城市规划更加合理。空间规划体系作出的空间规划，坚持了城乡环境治理体系的统一，统筹了城乡环境保护工作，加强了农村环境的基础设施建设。在过去常提到的资源节约和环境治理上，资源总量管理和全面节约制度及环境治理体系的建立使得水资源、林业资源、草原资源、湿地资源、海洋资源、矿产资源等得到严格保护，污染物排放得到有效控制，后续的赔偿和管理制度也更加完善。资源有偿使用和生态补偿制度及生态保护市场体系则弥补了我国经济社会发展的"短板"，真实反映了我国的资源稀缺程度、环境损害成本和市场供求关系，激发了市场主体保护生态环境的自觉性，促进了绿色发展，鼓励了绿色金融体系、绿色产品体系的建立，利用法律和市场手段等非行政化的方式解决了我国环境和资源的瓶颈问题。[①] 而对于各级领导干部而言，生态文明绩效评价考核和责任追

---

① 中共中央 国务院、中共中央国务院印发《生态文明体制改革总体方案》，人民出版社 2015 年版，第 4—23 页。

究制度改善了 GDP 考核制度，把习总书记"要看 GDP，但不能唯 GDP"的理念法制化，将生态考核作为新常态，充分体现了生态文明的要求。

（三）十九大之后生态文明制度建设的新要求

党的十八大以来，习近平深刻认识到环境问题关乎广大人民群众的生活，将生态文明建设纳入到"五位一体"中，进行综合性治理。为此，他提出了"两山"理论——"既要绿水青山，又要金山银山；宁要绿水青山，不要金山银山；绿色青山就是金山银山"；以"四个全面"战略布局统领生态文明行动，推进"绿色发展"，努力实现美丽中国。在党的十九大报告中，习近平提出："我们要建设的现代化是人与自然和谐共生的现代化，既要创造更多物质财富和精神财富以满足人民日益增长的美好生活需要，也要提供更多优质生态产品以满足人民日益增长的优美生态环境需要。必须坚持节约优先、保护优先、自然恢复为主的方针，还自然以宁静、和谐、美丽。"加快生态文明体制改革，建设美丽中国，开启生态文明建设新时代。改革的方向集中在以下几个方面。第一，应着力构建面向绿色发展的三大体系，即建立健全绿色低碳循环的经济体系，构建市场导向的绿色技术创新体系，构建清洁低碳、安全高效的能源体系。第二，强化影响百姓身心健康的三大治理，即大气污染防治、水污染防治、土壤污染管控和修复。污染防治是三大攻坚战的主战场之一。着力解决突出环境问题，打好污染防治攻坚战，是决胜全面建成小康社会的重大任务。第三，划定并坚守事关中华民族永续发展的三条红线，即划定生态保护红线，坚持严格监管、生态补偿和合理利用，开发和保护兼顾，确保生态功能不降低、面积不减少、性质不改变；划定永久基本农田红线，落实最严格的耕地保护制度；划定城镇开发边界，优化城镇化开发布局和形态。第四，要加强提升生态治理现代化的环境监督，成立国有自然资源资产管理和自然生态监管机构，完善生态环境管理制度，实施三个"统一行使"，即统一行使全民所有自然资源资产所有者职责，统一行使所有国土空间用途管制和生态保护修复职责，统一行使监管城乡各类污染排放和行政执法职责。构建国土空间开发保护制度，完善主体功能区配套政策，建立以国家公园为主体的自然保护地体系。

2018年5月19日，全国生态环境保护大会召开，习近平总书记发表重要讲话。会议提出新时代推进生态文明建设，坚持"六项原则"是根本遵循。"六项原则"明确了人与自然和谐共生的基本方针，绿水青山就是金山银山的发展理念，良好生态环境是最普惠的民生福祉的宗旨精神，山水林田湖草是生命共同体的系统思想，用最严格制度最严密法治保护生态环境的坚定决心以及共谋全球生态文明建设的大国担当。新时代推进生态文明建设，加快构建生态文明体系是制度保障。制度才能管根本、管长远。严格的制度、严密的法治，可以为生态文明建设提供可靠保障。要以生态价值观念为准则，以产业生态化和生态产业化为主体，以改善生态环境质量为核心，以治理体系和治理能力现代化为保障，以生态系统良性循环和环境风险有效防控为重点，加快建立健全生态文化体系、生态经济体系、目标责任体系、生态文明制度体系、生态安全体系，为确保到2035年美丽中国目标基本实现，到21世纪中叶建成美丽中国提供有力制度保障。

三、绿色教育：生态文明建设的基础工程①

人类文明由工业文明转向生态文明，不仅需要借鉴国外的先进经验，还要有国内公民的积极参与，而实现这一任务的重要途径之一，就是对全体公民普及绿色教育，绿色教育是生态文明建设的基础工程。

（一）绿色教育是生态文明建设的基础

绿色教育就是以环境保护、可持续发展等相关知识为内容的教育，旨在培养学生的环境意识和环境保护的相关技能，从而为改善中国的环境和可持续发展事业打下基础。与普通的环境教育相比，绿色教育的旗帜更鲜明、内容更丰富、方法更多样。

1. 国外环境保护的成功经验表明，生态文明建设需要绿色教育

20 世纪 60 年代后期，随着经济发展和环境的恶化，西方社会普遍认识到环境问题的严重性，政府和教育界联合成立了环境教育组织，在不同地方以不同方式开始了新的教育和社会运动，到 20 世纪 70 年代对环境教育的理解大大深化。目前，世界范围内已有很多国家，如美国、日本、英国、北欧的一些国家高度重视环境教育，并将此项教育纳入本国素质教育的组成部分，积极加以贯彻落实。

德国是世界上环境最好的国家之一，其环境保护也居于世界前列，这得益于德国人高度的环保意识和环保素质。德国人的环保意识来自几乎无处不在的环境教育。除了具有完备的环境法律之

---

① 本文部分内容原载《河南科技大学学报》2013 年第 3 期。原名为：《论以公民环境教育促进绿色发展》。

外，德国还在全国范围内逐步建立生态学校，使师生共同参与校园的建设及环境保护活动。另外，德国还将环保知识渗透到所有的教学过程中。在小学，有相当一部分课程都是在户外进行的，这无形中帮助学生树立了尊重自然、爱护自然和保护自然的环境价值观念。德国多元的教育主体也对环境教育起到了推动作用。许多非政府组织、自然博物馆、高等学校以及国家公园等环境教育机构配合学校环境教育，开展了多种形式的环境教育活动。

在环境教育方面，荷兰也是一个值得学习和借鉴的国家。它的环境教育起源于 20 世纪初，教育的对象由最初的小学逐步扩展到中学，进而扩展到现在的职业教育和高中教育，教育的形式也由最初的自然保护教育过渡到自然环境教育，并于 1990 年开始强调可持续发展。纵观荷兰的环境教育，有几个明显的特征不容忽视：首先是强调好的环境教育实践活动；其次是利用专题的组材方式，进行环境教育教学中的概念更新；最后是不断拓展环境教育的范围，适时更新环境教育的目标。同时，荷兰还有配套的不断完善的环境教育政策，诸如改变各级考试内容、强化环境教育的影响力，使之成为教育改革的催化剂，等等。

2. 国内环境保护的艰难历程说明生态文明建设需要绿色教育

目前，我国生态环境方面还存在很多问题，既有历史遗留的原因，也有当代的人为原因。因此，要实现经济发展、社会生活等各方面的绿色化转型，就需要从多个方面进行改善。

一方面，改善当前我国的环境问题需要环境教育。伴随着工业化发展的进程，中国也如同世界其他工业化国家一样，生态环境问题也逐渐成为一个挥之不去的噩梦。人们对于自然的恣意掠夺、对环境自净能力的冷眼漠视以及对自然资源的任意挥霍等，已经使我们的生存环境岌岌可危。正如恩格斯所说："我们不要过分陶醉我们对自然的胜利,对于每一次胜利,自然界都报复了我们。"[1]当前,摆在我们面前的是更为严峻的环境问题:越来越多的耕地、草原、森林遭到破坏,大量水土流失、土地沙漠化、生物多样性减少,部分内陆湖水位快速下降,自然灾害、环境污染等方面都呈现出愈来愈严重的趋势;工业垃圾、城市垃圾与日俱增,致使全国大部分城市被包围其中;碳排放量增多,大气污染严重,等等。面对如此严重的生态环境,我们不得不反思人类与自然的伦理关系,倡导发展绿色经济,回到人与自然相互依存、和睦相处的和谐状态。因此,从环境伦理学的角度认识、宣传、教育、提高环境保护意识,对于解决现实的环境问题是十分必要的。

另一方面,提高公民环境素质需要绿色教育。每个人都有自己的碳足迹,建设低碳社会、走绿色发展道路需要每个人的努力。每个人都有习以为常的生活方式和消费模式,每天都在消耗能源。但是很多公民并不知道生活方式与节能减排之间的紧密联系,而且,在对环境保护的认识方面也存在误区。例如,认为绿化不是环保;环境保护是环保局的事情,跟我们每个人没有关系;环境保护是城市人的事情,与农村人没有关系,等等。而教育是一种有意识的、以影响人的身心发展为直接目的的社会活动。要提高公民的环境素质,减少每个人的碳排放量,使其采取低碳的健康生活方式,对公民推行环境教育就是一条切实可行的途径。

环境教育对于社会发展和人的发展具有重要的作用。通过环境教育,我们可以进一步认识环境问题与人类可持续发展的关系,培养人们的环境保护意识和积极保护环境的行为,为绿色发展的顺利实施奠定坚实的基础。

---

[1] 《马克思恩格斯选集》第三卷,人民出版社 1972 年版,第 517 页。

（二）我国绿色教育面临的问题

分析我国的教育现状，绿色教育却不能尽如人意。长期以来在传统发展观的影响下，教育被视为经济增长的工具和手段，教育的任务是传授给受教育者知识、科学技术，以便于他们能够运用知识、科技向自然索取，达到促进经济发展、满足人类需要的目的。"升学"的指挥棒和压力使我们的中小学教育不得不围绕智力教育来进行，人际关系和心理健康教育不仅不是教育的重要内容，而且常常被忽视。而合理利用资源、保护环境、人与自然共荣共存的环境教育、生态教育在我们以往的教育中相当缺乏。正是这种缺乏导致我国公民的生态环境意识薄弱，在处理人和自然关系、运用科学技术时，常常以人的利益需要为唯一尺度，浪费资源、污染环境、破坏生态平衡的行为在社会生活中屡见不鲜。

另外，走向生态文明的新时代赋予了学校重要的绿色教育使命，但是这项任务的参与主体不能仅限于学校。绿色教育是全程性、终身性和持续性的教育，单一的参与主体显然不能满足绿色教育的需要。首先，政府应是最重要的推动者，政府是教育政策方针的制定者，虽然国家正大力推进生态文明建设，有关生态文明建设的规划、政策等已经颁布实施。但有关绿色教育的规划还比较少，缺乏对绿色教育人才的培训规划，缺乏对学校尤其是高校绿色教育的指导和推动。其次，直接承担大学生绿色教育的高校，虽然越来越重视将绿色教育付诸实践，但在具体实施中，有的学校仍存在重视校园环境建设，忽视创新大学生绿色教育途径的现象。在学科建设、教学计划、大学生实践活动等方面，也存在不同程度的各自为政的现象。最后，在绿色教育中有着重要的"推动器"作用的社会团体、媒体、相关企业等，在承担绿色教育的社会责任中，缺乏一定的主动和自觉。可以看出目前对绿色教育的认识总体上还存在偏差，对绿色教育的重视程度不够，制约了绿色教育的发展，使得绿色教育参与的主体还比较单一，从思想认识到实践都还亟待形成合力。

（三）完善公民绿色教育体制

改革开放以来，我国环境教育经历了从无到有、从萌芽到发展壮大的历史过程，目前，已取得了一定的成就。首先，党和政府开始高度重视环境保护工作，大幅增加环保投入；其次，将环境教育纳入国家教育计划的轨迹，成为教育计划的一个有机组成部分，初步形成了一个多层次、多形式的具有中国特色的环境教育体系；最后，全民参与环境教育的热情普遍增强。《全国环境宣传教育行动纲要》指出："我国的环境教育目前已初具规模，初步形成了一个多层次、多形式、多渠道的环境教育体系环境教育工作取得了一定的成绩和进展，社会教育的广度和深度有所发展，基础教育有了一定的突破，专业教育输送了数万名科技和管理人才。"① 但是，由于我国的教育起点低、重视程度不够等因素的影响，目前我国环境教育仍面临诸多挑战：资金投入不够、地区发展不平衡、教育体系发展不均衡等。

就绿色教育本身而言，它是一项基础性、系统性、长期性的工程，它的发展与完善需要多个方面的支撑、政府引导、资金投入、技术跟进以及政策支持等。但是，在环境教育的所有环节中，最不能缺少的三个环节就是家庭、学校和社会。走绿色发展之路，必须建立起家庭、学校、社会三位一体的环境教育合力网络，使各种力量相互强化、互为补充。

---

① 国家环保总局：《新时期环境保护重要文献选编》，中央文献出版社 2001 年版，第 439 页。

1. 注重家庭绿色教育，奠定绿色发展基础

我国的教育传统和社会家庭结构特征，决定了家庭教育的重要位置，它是学校教育和社会教育的基础，而且是伴随一生的终身教育。因此，环境教育必须注重家庭教育，只有得到家庭教育的响应，才能产生强大的合力；反之，如果受到来自家庭的反面怂恿，其对个体道德的效力便会大大减弱。

家庭绿色教育的顺利实施，首先，需要家长具备一定的环境意识，培养良好的环境素养，才能为孩子树立榜样，进而影响孩子的生活习惯；其次，父母还应该在孩子不同的年龄阶段采取不同的教育方式和引导方式，使孩子在适合的年龄阶段做"绿化"使者；最后，使家庭成员之间互相模仿、互相影响，这需要在整个家庭中，营造一种爱护环境、保护环境的氛围。要深入开展"绿色家庭"创建活动，倡导绿色设计、绿色家装、绿色家具、绿色庭院、绿色照明等环境理念。

2. 完善学校绿色教育内容，普及绿色发展常识

环境教育要从小抓起，针对小学、中学、大学以及职业学校面对的教育对象的差别，必须分别采取不同的环境教育内容，灌输绿色发展理念、树立绿色发展目标、实践绿色发展行为。

首先，在中小学及学前教育阶段贯穿渗透式教学。要在中小学的教学大纲和课程设置中渗透环境保护意识；在学生的日常学习生活中，培养他们爱护环境、节约能源的观念；还要在校园内营造浓厚的环境教育氛围，以班级为单位订阅有关环境教育的报纸、杂志、宣传画等，时刻提醒他们人与自然和谐相处的重要性。

其次，在职业学校采取实用目的教学法。针对学生的专业和今后将有可能从事的职业特点，将这一职业与周围环境的关系及其对人的影响联系起来，让他们了解自己即将从事的职业对周围环

境和他人健康的影响，并使其掌握减小这种影响所必需的知识和技能。

最后，在高校实行"三结合"的环境教育。第一，将环境教育与品德教育结合起来。以德育促进环境教育的发展，使学生在掌握环境知识的基础上，实现自觉保护环境的品德，进而发展解决环境问题的各种能力，推动环境的改善。第二，将环境专业与非环境专业结合起来。组织环境专业与非环境专业师生之间的交流沟通，给非环境专业学生一次学习的机会，从而共同促进环境教育事业的发展。第三，将社会与课堂结合起来。鼓励学生在课余时间参加一些环境保护活动，真正以一个"绿领"的标准要求自己，这样既可以增加社会阅历，又可以检验、运用已经学过的环境知识，实现书本学习与绿色发展双赢。

3. 丰富社会绿色教育形式，践行绿色发展行为

社会教育是整个环境教育中最薄弱的一个环节。我们需要紧密围绕绿色发展这一主题，加大社会宣传教育力度，通过各种媒体，传授环境科学知识，树立环境意识。可以通过广播、电视、互联网、报纸、书刊、杂志等宣传渠道广泛普及环境科学知识和伦理知识，使社会环境教育上一个新台阶。

首先，强化非政府组织的影响力。改革开放以后，我国涌现出大量的社会团体、民办事业单位、基金会等非政府环保组织，它们动员各种社会资源，承担着许多社会公益服务。其次，发挥媒体的导向、监督作用。通过媒体及时公布政府有关绿色发展的工作报告、政策决议等；利用公益广告等多种形式倡导公众以身作则，创建、爱护我们的绿色家园；充分发挥新闻舆论的监督作用，使破坏环境的恶劣行为得到及时揭露和批评，让恶劣的破坏环境行为无所遁形，有效监督和制约忽视环境、污染环境和破坏环境

的行为，这样才能使媒体在环境保护和生态文明建设中起到积极的促进作用。最后，构建多种形式的教育平台，例如，建设一定数量的自然博物馆、生态园区、经济示范区等，配合学校和家长进行环境教育。

思想是行动的先导，不管体制多么完善、措施多么严密，最终的结果都体现为每个公民的实际行动。只有将爱护家园、绿色发展的理念内化为我们每个人的自觉行动，以上的教育措施才能得到真正的贯彻和落实。因此，加强全体公民的自我教育，提高其自觉能力和意识，对于推进中国绿色发展进程更是值得强调的一个环节。

四、绿色科技：生态文明建设的重要抓手

科学技术的产生与发展来源于人类对于自然的改造活动，技术是人类历史的见证和反映。科学技术从诞生之日起，就一直处于不断演化的过程之中，人类文明的缩影可以通过考察科学技术发展的历程来显现。不同时期的文明模式的背后有着不同的科学技术范式作为支撑。经验科学与农业技术的发展推动原始的采集、游猎时代的史前文明向农业文明的嬗变；近代科学体系的建立和工业技术的发展推动农业文明向工业文明的转变；新能源革命引领的全方位的科技创新促进工业文明向后工业文明的飞跃，绿色科技由此诞生，是建设生态文明的重要抓手。

（一）绿色科技的定义及内涵

建设生态文明离不开绿色科技的技术支撑，一方面绿色科技是消除工业文明副作用、修复保护生态环境的有力工具；另一方面绿色科技是各类社会主体建设生态文明，构建和谐社会，履行生

态责任的最佳技术路径。

绿色科技在学术上目前还没有统一而权威的界定。有的学者认为，绿色科技就是适应于可持续发展要求的科技，是对整个科学技术活动的一种导向，是为了解决生态环境问题而发展起来的科学技术，是有益于保护生态和防治环境污染的科学技术。有的学者认为，绿色科技的核心是研究和开发无毒害、无污染、可回收、可再生、可降解、低能耗、低物耗、低排放、高效、洁净、安全、友好的技术与产品。我们认为，绿色科技可以从广义和狭义两个层面理解。从广义层面上看，绿色科技是一种资源节约型、环境友好型科技，是一个集合概念，既是对整个科学技术活动的一种绿色理念的集结升华与导向，又是对各类绿色科技（绿色科技理论研究、绿色科学技术研究、绿色科技产品、工艺和设备开发创造、绿色科技的推广与应用、绿色软科学研究与应用）的总称；从狭义层面上看，绿色科技是指研究和开发无毒、无害、无污染、可回收、可再生、可降解、低能耗、低物耗、低排放、高效、洁净、安全、友好的技术与产品。

绿色科技是指它在产生生态效益的前提下，能够带来明显的经济效益，使得绿色科技的研究与实施不仅保证了生态的可持续发展，而且也使经济的可持续发展和社会的可持续发展成为可能。它具有两方面的含义，一是绿色科技必须考虑其对社会、经济持续发展的影响及程度，坚持技术单元性与多元性统一；二是技术成果的应用和推广必须考虑生态环境的承受能力，要坚持经济效益和生态效益的统一。

（二）绿色科技为生态文明提供推动力

马克思曾指出："科学技术是最高意义的革命。"新的绿色技术不仅仅是技术的升级换代，更是对人类发展理念、社会技术支撑体系和市场需求的变革。绿色技术引领和支撑着人类的生态文明建设，推动着绿色发展。

1. 绿色科技有利于人与自然的和谐共存

人和自然的矛盾很大程度上体现为科学技术与自然之间的矛盾，科学技术并不是人类困境出现的根源，科学技术的发展也不应当为人类面临的生存困境负责。造成人类生存环境恶化的主要原因在于选择、引导、支配科学技术运行的价值观，绿色科技创新将自然的生态价值看作对人类的任何活动都具有决定意义。绿色科技创新的系统性要求技术运用的主体摒弃传统的"主客二分"的思维方式，将人与自然之间的关系看作主体与客体、个体与整体、要素与系统之间的关系，这种价值观正是由生态后现代主义的观点形成的，体现了绿色科技创新的哲学内核的历史传承性。绿色科技创新体系强调发展绿色技术，追求通过最少的资源消耗、最小的污染破坏来达到最佳的生态效益。因此，绿色科技创新体系实现了技术价值从传统的自然观向和谐自然观的转变，绿色科技创新系统是人类对于人和自然关系的更加深刻和完美的理解，绿色科技创新体系对于人类从工业文明发展模式向绿色文明发展模式的转变有重大意义，并推动整个社会走向经济发展、生活富裕、生态良好的循环之路。绿色科技创新体系的扩大为绿色文明建设和社会可持续发展提供了切实可行的道路。

2. 绿色技术为绿色发展指明方向

在生态文明相关的各种政策和机制中，常能看到"绿色发展"，但是绿色发展究竟要如何落实，绿色发展的方向又在哪里，这是每个实践者都需要优先思考的问题，而绿色技术刚好可以很好地对这一问题作出解答。在当前新一轮科技革命和产业变革到来之际，我国绿色发展的方向就在科技创新之中。科技创新的绿色化方向，即绿色技术的推广和应用，可以作为绿色发展良好的战略基点。基于该战略基点，我国可以加快培育和发展战略性新兴产业，掌握核心技术，培育新的经济增长点，发展一批极具市场竞争力的产品；并且通过传统产业和绿色技术结合的方式，推动传统产业的优化升级，用循环、系统的总体思路构筑发展之路。绿色技术不仅存在于科技领域，更是产业变革、绿色发展的第一推动力，世界有史以来的每一次产业变革，都离不开科技的重大突破。作为生态文明建设时期的重大突破，绿色技术也必将为本时期的绿色发展指明方向。

3. 绿色技术为绿色发展提供技术支持

绿色技术的范围非常广泛，但凡有利于生产力、资源节约和改善环境的技术都可以称之为绿色技术。绿色技术可以分为清洁生产技术、环境治理技术、生态环境持续利用技术、节能技术、新能源技术等，它们构成了生态文明发展的技术支撑体系。绿色技术可以提高资源的利用效率、转变资源的利用形式、扩展资源的利用空间、改变人类的生产生活方式。绿色技术是从生产的源头开始，在生产链的各个环节和产品的整个生命周期中，都考虑节能降耗、预防污染，尽可能地不给生态环境造成新的压力，是从源头上来进行环境治理的技术。由此可见，绿色技术是助推绿色发展的原动力，没有绿色技术就难以在实践中践行绿色发展理念，产业发展和经济实体就无法做强做大。所以，绿色技术为绿色发展提供了强有力的技术支持。

4. 绿色技术引导绿色消费理念

绿色发展不仅需要生产模式的转变，更需要在消费模式上进行革命性的转变，需要消费者树立绿色消费观，形成一种环境友好、可持续的消费模式，即生态文明建设下的绿色消费观和绿色消费模式。绿色技术的广泛应用，一方面可以在全社会普及绿色发展的理念，使绿色化成为社会的主流文化。在这种大环境下，绿色理念将逐步内化于人类的文明，不仅使物质绿色化，更能够让精神绿色化。另一方面，绿色技术会为市场带来大量的物美价廉、品种多样的绿色产品，以满足日益高涨的绿色消费需求，提高人民的生活质量和品位，倡导消费者在与自然的协调统一，使之从事科学合理的生活消费，提倡健康适度的消费心理，弘扬高尚的消费道德及行为规范，并通过改变消费方式来引导生产模式发生重大变革，进而调整产业经济结构，促进生态产业发展的消费理念。

（三）大力发展绿色科技

进入新时代的中国需要建设生态文明，实现美丽中国梦，就必须要有绿色科技作为主导的技术支撑。绿色科技在源头上保护环境、防止污染，实现经济效益、环境效益和社会效益的统一，所以必须大力发展绿色科技。

1. 深化科技体制改革

高效率的科技体制是以企业为主体、市场为导向、产学研结合的技术创新体系。这是我国科技体制改革的目标之一。需要从以下几个方面着手：第一，积极发挥政府在绿色科技创新中的宏观规划和协调作用。要加强绿色科技创新的研究与开发工作，政府带头制定创新规划、调整整体发展战略，建立绿色科技推广中心和信息网络。要建立和健全绿色科技创新激励和保障机制，包括创新人才激励机制、创新资金筹措机制、创新风险投资体系等，为绿色科技创新提供足够的人才和资金保障。要运用法律和经济政策为企业开展绿色科技创新施加压力，把自然资源和环境纳入国民经济核算体系。第二，加大知识产权的保护力度。实行严格的知识产权保护制度。充分实现专利的市场价值，综合运用各项经济政策和措施，积极鼓励和支持企业、高校和科研院所创造和运用专利等知识产权。加强对专利代理等知识产权服务机构的监管、扶持和引导；加强专门人才培养和培育力度；扶持和引导从事专利信息加工、专利战略咨询等社会服务业发展。第三，加快科技服务业发展，如研究开发和技术转移、检验检测和创业孵化、知识产权和科技金融等，当然也包括相关的业态的综合性的服务业等。要建立健全市场机制，有序开放市场准入，加大财税的支持力度等，保证科技服务业的快速发展。

2．加强绿色科技创新立法

绿色科技创新成果的合理应用，需要法律加以确认、维护、规范、调节和保障，良好的法律环境是推动绿色科技创新的可靠保证。对科技创新可能造成生态破坏的，应以相应的立法预先作出规范，通过立法强调生态环境保护的重要性。对科技创新可能对生态环境造成破坏的加以控制，使科技创新活动在自然环境的承载力内进行，使之成为保障和促进循环经济发展的有力武器。如通过立法推广绿色科技，严格生态标准，有效控制科技创新中的经济至上的目的性，真正实现科技创新的生态效益、经济效益和社会效益的统一；突出生态安全原则，强调生态保护的优先地位，加强对科技创新风险和安全的研究，防止对生态环境造成污染和破坏；要求科技创新活动应设立论证和预警程序，充分估计和客观评价科技的负面效益，并进行审慎选择，以防止科技创新所带来的风险。

3．扶持和发展绿色技术

绿色科技包括直接解决环境问题的科技，如环保技术控制和减少污染；通过提高产品的科技含量，减少自然资源消耗，从而缓解人类需求的无限性与自然资源有限性之间的矛盾。我国在发展循环经济中，应大力开发绿色科技，重点推广消除污染物的环境工程技术、进行废弃物再利用的资源化技术和生产过程的无废少废及生产绿色产品的清洁生产技术等。特别是积极推广清洁生产技术，通过采用无害或低害新工艺、新技术，大力降低原材料和能源的消耗，实现少投入、高产出、低污染，尽可能把对环境污染物的排放消除在生产过程中，使生产和生活活动对生态系统的负面影响降至最低。目前要把清洁生产技术从单个企业延伸到经济技术开发区或工业园区，特别是新建的经济技术开发区或工业园区，建立一批生态工业示范园区。

延伸阅读：

2018年2月1日，赵建军教授及视觉工业基地项目考察组一行同重庆市武隆区区委书记黄宗华、区长卢红就项目基本情况、合作意向进行了座谈交流，欢迎读者扫一扫右侧二维码查看详细报道。

五、生态文化：生态文明建设的核心价值

生态经济学家认为，现代文明的经济是"自我毁灭的经济"①。当现代文化将反自然倾向推向极端时，人类面临着自诞生以来最为严峻的考验：我们能否以文化生存的方式与地球生态系统和谐共存？换言之，超越了动物生存状态的人类文化可否不采取反自

---

① ［美］莱斯特·R.布朗：《生态经济：有利于地球的经济构想》，林自新等译，东方出版社2002年版，第5页。

然的形态？这是 21 世纪人类必须全力探究的问题。日渐严重的生态危机已不允许人类再犹豫、徘徊，人类必须拿出足够的勇气来面对问题、解决问题。为了避免人类自掘坟墓的悲剧发生，理性的人们必须反思危机背后的原因。对于环境危机、生态恶化的问题决不能单纯地、抽象地从人与自然的关系中去寻找原因，而必须从人自身来寻找原因。那么人自身的原因何在？在于生态文化的缺失。因此，解决当下的环境危机，必须要在价值观上实现变革，在全社会大力培育社会主义生态文化，这是中华民族实现美丽中国的必经之路。

（一）生态文化的内涵

生态文化是一种社会文化现象，是一种人与自然协调发展、和谐共进，能使人类实现可持续发展的文化，它以崇尚自然、保护环境、促进资源永续利用为基本特征。生态文化就是由生态意识、生态消费、生态心理和生态行为共同构成的文化系统，这四个方面是相互联系的，只有在生态意识的指导下，养成良好的生态习惯、形成积极的生态心理，才能在行为上走向生态性；而生态行为上的良性结果，又会强化生态意识，提升生态心理的预期，形成当代人类最深刻的生态觉悟。生态文化作为一种社会文化现象，具有广泛的适用空间，是一种世界性的文化。

生态文化是生态文明建设的核心，生态文明建设要靠生态文化的引领和支撑。生态文明对生态文化建设的基本要求，是确立生命和自然界有价值的新的文化价值观，摒弃传统文化中"反自然"或"人统治自然"的错误观念，走出"人类中心主义"的思想桎梏，形成以生态伦理、生态正义、生态良心、生态责任等为主要内容的生态文化价值体系，培养人们理性处理人与自然关系的高度自觉和文化修养，建设以人与自然平等、和谐、互惠、互利为价值观基础的新文化。

图 4—3 重庆武隆仙女山草原

（二）生态文化的构成要素

生态文化是由生态意识、生态消费、生态心理和生态行为构成的文化系统。其中生态意识是灵魂和基础。

1. 生态意识

生态意识是一种反映人与自然环境和谐发展的新的价值观，强调从生态价值的角度审视人与自然的关系和人生目的，是现代社会人类文明的重要标志。它注重维护社会发展的生态基础。它反映人和自然关系的整体性与综合性，把自然、社会和人作为复合生态系统，强调其整体运行规律和对人的综合价值效应；突破过去那种分别研究单个自然现象或单个社会现象的理论框架与方法论局限；要求把人对自然的改造限制在地球生态条件所允许的限度内，反对片面地强调人对自然的统治，反对无止境地追求物质享乐。

2. 生态消费

生态消费是从满足生态需要出发，以有益健康和保护生态环境为基本内涵，符合人的健康和环境保护标准的各种消费行为和消费方式的统称。它是指消费者对绿色产品的需求、购买和消费活动，是一种具有生态意识的、高层次的理性消费行为。生态消费涵盖的内容非常宽泛，不仅包括绿色产品，还包括物资的回收利用、能源的有效使用、对生存环境和物种的保护等，可以说涵盖生产行为、消费行为的方方面面。生态消费是一种符合人类可持续发展的消费行为。随着社会生产的不断进步，人们的消费需求由低档次向高档次递进，由简单稳定向复杂多变发展。这种消费需求上的变化在一个侧面反映了经济社会的进步状态。

3. 生态心理

生态心理是指承认人与自然是一体的，不可分离的，同时，自然参与人的心理建构，形成人类心理健康。美国前副总统阿尔·戈尔曾指出："我对全球环境危机的研究越深入，我就越加坚信，这是一种内在危机的外在表现。"① 而"内在危机"的本质就在于人的心理与自然的割裂。近年来，经常发生的"山体滑坡"现象、热带海洋风暴、东南亚的海啸事件以及美国东部频繁发生的飓风等都深刻地说明了这样一个道理："大自然不因为你的个人行为的合理性而不惩罚你，无辜的受到伤害的个体必然会产生生命意义的危机感。现代社会对人最大的戕害不是原子弹（当然不应忽视原子弹的危害），而是人的生存意义的丧失，由此造成对人的本质生命的剥夺。"德国著名生态哲学家汉斯·萨克塞对此也作出过深

---

① ［美］阿尔·戈尔：《濒临失衡的地球：生态与人类精神导论》，陈嘉映等译，中央编译出版社1997年版，第24页。

刻的分析，他指出："如果我们对生态问题从根本上加以考虑，那么它不仅关系到与技术和经济打交道的问题，而且动摇了鼓舞和推动现代社会发展的人生意义。"① 人类想摆脱生态危机，需要将批评的视角向人的心理延伸，关注人的心理建构的自然维度，形成良好的生态心理。

4．生态行为

生态行为是在生态文明意识的指导下，人们在生产、生活实践中推动生态文明进步发展的活动，包括绿色生产方式和绿色生活方式两方面。生态问题的根源在于人类自身，在于人类的活动和行为。解决生态问题归根结底需要检讨人类自身的行为方式，节制人类自身的发展，既要节制人口的发展，也要节制生活便利的发展。人类社会的发展，总是在利益的获取、生产和生活资料不断得到满足的实践中实现的。在追求利益的过程中，在人类社会与自然环境构成的系统中，社会的组织方式、主体的行为方式始终是主动的。如果人的社会行为失控，必然会产生生态安全问题。美国经济学家加勒特·哈丁曾经用一个著名的"公有地的悲剧"说明了不恰当行为模式的后果。"公有地"在人们追求自己最大利益的过程中走向灭亡。在追求利益的疯狂中，违规扩盖、随意停车等现象屡禁不止；占用马路、楼道、公用广场等行为频繁发生；肆意排放废气和废水等问题愈演愈烈。为了让"公有地的悲剧"不要愈演愈烈，必须要改变人类的生产和生活方式，让生态行为成为普遍的行为习惯。

（三）大力培育社会主义生态文化

中共中央作出生态文明建设顶层设计，首次提出"把培育生态

---

① ［德］汉斯·萨克塞：《生态哲学》，文韬、佩云译，东方出版社1991年版，第3页。

文化作为重要支撑"。面对我国的资源紧缺、环境污染、生态系统破坏等问题，生态文化建设的滞后和生态文化建设的迫切性更加凸显，必须大力培育社会主义生态文化，促进生态文明建设。

1. 大力普及生态知识，培养公众广泛的生态意识

生态文明建设要求我们必须大力培育公众的生态意识，使人们对生态环境的保护转化为自觉的行动，为生态文明的发展奠定坚实的基础。根据我国的国情与公众的实际，通过一系列行之有效的手段，培育公众的生态意识，是生态文明建设的根本路径。要营造良好的社会氛围；广泛开展生态环境保护的宣传教育，积极宣传环境污染和生态破坏对个人和社会的危害；树立保护环境人人有责的社会风尚；建立和完善环境保护教育机制，把生态道德教育贯穿于国民教育的全过程，帮助公众树立正确的生态价值观和道德观；还要完善相关的生态法律，培养公众的生态法律意识。广泛传播生态知识和法律知识，介绍生态法律规范以及实际适用生态法律规范，以便能够对人的意识施加影响，使其具有接受、反映和表达生态问题的能力，以及运用生态法律规范的技能，使生态法律为公民生态化行为提供依据和保障，为生态治理和建设过程中引发的矛盾和纠纷提供解决途径。

2. 倡导生态消费，培养正确的消费理念

针对社会上不文明和非生态的消费观念，应从思想教育着手，使人们逐步树立起正确的消费观念。要从环境理论、人类可持续发展的高度，使人们明确奢侈、浪费观念的危害性，帮助人们从"人类中心主义"中解脱出来，自觉控制自己的行为，合理节制自己的欲望，自觉树立人与自然界生态协调，同整个人类生存空间和谐的可持续发展的消费观念；必须注重生态消费精神的积淀培养，以培养和造就素质高、有涵养、能力强的理性消费公民为目

标，优化消费环境，使不同阶层消费者的消费观念和消费行为趋于生态化、科学化和人性化；必须建立和健全相关的消费法规与制度政策，加强消费的监督能力，注重发挥民间组织对消费过程、消费效能的监督作用，提高公民消费方式的文明水准与生态度。

3. 培养生态心理，丰富人的精神世界

应当从人与自然之间的整体秩序遭到破坏的现实中醒悟，从人类生存意义的视角理性地去面对自然、亲和自然。人类的进化主要不是生物进化，而是文化进化。它是通过人的心理和行为活动方式的进化来实现的，而人的心理和行为活动方式的进化又是人类把握、利用、开发、创造和实现信息的方式的进化，即人类社会本质的进化。因此，我们应该从这样的高度来认识生态心理预期的重要性，让人们在安全、优美的环境中对未来充满信心。关注人的心理建构的自然维度，让自然环境参与人的心理建构，正是对现代人心理与自然相分离的医治和弥合。自然通过潜移默化、润物无声的方式，无时无刻不在滋润着人类的心灵，促进人的心理走向健全和丰满。正如泰戈尔所说："在灿烂的阳光下，在绿色的大地上，在人类美丽的面容上和丰富的人类生活中，甚至在那些看来不重要、无吸引力的客体中，一定会看到天堂的美景。大地处处洋溢着天堂的精神，散发着它的福音，它在我们毫无知觉的情况下进入我们的内心之耳。"[1] 大地的精神同构着人类的精神，无际的田原孕育着完满的心灵。人类精神的创伤、心灵的空泛，在于人类远离活生生的自然、失去自然的抚育和浸润造成的，因此，重建人与自然的天然联系就成为拯救人类精神困境的必由之路。

---

[1] 鲁枢元：《自然与人文》，学林出版社 2006 年版，第 490 页。

4. 培养生态行为方式，推进绿色生活运动

在"以人为本"价值观的指导下培养公众的生态行为方式，让文化渗透于物质资料的生产方式之中。必须变革传统的非生态实践模式，不管是生产工具的设计和使用，还是对自然资源的采撷和利用。在谋取生产和生活资料的过程中，都应该在文化这种较高层次的约束下，克服人在生物体上的贪婪，提升人的品位和社会档次，唤起人性觉醒。因为"实践作为主体对客体的变革和改造，并不必然地表现真善美，并不必然地体现出价值。以生态现代化为目标导向的绿色实践会给人类带来和谐稳定，使人类享受到幸福安康。而非绿色的实践，如毁林造田、过度放牧和捕捞，随意污染环境，只会给人类带来负价值"[①]。要充分发挥社会民间组织的作用，建立起社会层面的公众参与机制，引导公众转变生活方式，倡导绿色生活。马克·佩恩在《小趋势》中说道："在今天的大众社会，只要让百分之一的人真心作出与主流人群相反的选择，就足以形成一次能够改变世界的运动。"因此，推广绿色生活方式有必要让民间的绿色生活团体和机构迅速发展起来，塑造起绿色的示范阶层，以对其他生活主体发挥直接或间接的、积极的示范效应。要通过 1％ 的人群积极推进绿色生活运动，去动员、组织、示范和推广绿色生活方式的知识、经验和技术，培养和提高公众绿色生活的能力，唤起公众的可持续发展意识，从而使既定的风俗习惯得到优化。绿色生活运动可以包括很多内容，如建立"绿色生活圈"，组织人们在各自的社区聚集讨论怎样使生活绿色化的方式、方法；向社区居民免费发放资源节约宣传资料、科普读物和宣传画，宣传低碳出行、拼车、拼饭、循环用水，介绍

---

① 方世南：《生态现代化与和谐社会的构建》，《学术研究》2005 年第 3 期。

以工换食宿（WWOOF）的新型环保旅行方式，等等。

六、优化整合：生态文明体制建设的优化与完善

2007 年，党的十七大报告在继续使用"生态文明"概念的基础上，提出要建设生态文明的系统要求。当时，我国的环保工作已经开展了很多年，但是生态环境恶化的趋势并未好转。生态环境治理是一项系统性工程，我国薄弱的生态文明基础性制度建设成为了"破窗效应"中第一扇破掉的窗户。生态文明制度分散化、碎片化，相关部门职责交叉、九龙治水、多头治理的问题严重，导致制度成本高却效率低下。2013 年，党的十八届三中全会进一步提出，建设生态文明，必须建立系统完整的生态文明制度体系，实行最严格的源头保护制度、损害赔偿制度、责任追究制度，完善环境治理和生态修复制度，用制度保护生态环境。2016 年 12 月 2 日，习近平总书记指出，深化生态文明体制改革，需要把生态文明制度的"四梁八柱"尽快建立起来，把生态文明建设纳入制度化、法治化轨道。2017 年十九大报告中，再次提出要加快生态文明体制改革的要求。习总书记所提的生态文明制度"四梁八柱"是一项全面而系统的工程，也是一场全方位的变革，具有很强的综合性、系统性。这不仅填补了我国生态文明建设基础性制度的许多空白，还为生态文明建设从整体上搭建了一个系统框架并作出了详尽规划。可以说，生态文明制度的"四梁八柱"标志着生态文明建设开启了系统治理体系的新时代。

（一）生态文明体制建设中的重点难点问题

虽然生态文明的"四梁八柱"正在逐步完善中，成效也在不断显现，但是我国生态文明建设和改革过程中仍存在重点难点问题，

制度建设仍有薄弱环节，对制度运行造成了阻碍。这些问题主要表现在以下几个方面。

第一，生态文明理念在我国的不同地域中分化严重，各地区的经济能力对生态文明建设的进展产生了不同影响。在珠三角、长三角等经济发达地区，生态文明的理念更为自信自觉，对生态文明的认识更加科学细致；而在经济相对落后的中西部地区，对生态文明建设认识还是主要靠灌输和自觉，导致认识不到位。除此之外，还有普遍存在的生态环境保护责任落实不到位或不作为的问题发生。根据 2017 年中央环保督察组反馈的督查情况，吉林省存在着贯彻落实国家环境保护决策部署不够有力的问题，讲得多、做得少，发文件多、落实少，考核问责流于形式。四川省某些部门对环保责任落实不到位，对环保工作重视不够，一些重大工程迟迟没有实质性进展。安徽省在落实国家政策中存在薄弱环节，仍然以经济建设为重，对环境保护不够重视。贵州省某些干部则是对贵州的环境现状盲目乐观，认为不需要保护环境，更有甚者仍旧把发展和保护割裂开来，不能统筹一致，协调环保和发展之间的关系。如果各个地方的领导干部不能首先改变观念，那么生态文明制度建设则会更加困难。

第二，我国不同领域、不同层级的文件众多，使基层领导干部无法贯彻领会其重点。我国生态文明建设情况复杂，每个地区的具体情况都是千差万别，中央或者各部委的文件没有把各个地区的不同情况考虑进去，就会造成脱离地方实际、无法实际操作的困难。对于一个地方来说，下发的文件不接地气、不考虑当地的财政实力和能力水平，而地方为了免于责罚又要硬着头皮解决问题，常处于两难的境地，难以避免地会出现说得多、做得少，或者发文件多、落实少的情况。

第三，环保目标的设定脱离地方实际，多具有超前性，导致出现为了环保而牺牲经济或者不利于公众的现象出现。在严格的新环保法的监管下，很多地区过快地推进了当地的战略和规划，置当地的实际发展状况于不顾，也不考虑东西部、城市与乡村的水平差距。这样一来，不仅环境问题没有解决，原有的经济发展步伐也遭受了阻碍，要想恢复反而需要更多时间和财力的投入。另外，还有一些地区的基层执法出现一刀切的问题。比如，在北方的某些地区，冬季雾霾严重时，多个城市停止了农场、工厂的正常运转，城镇中的早市取消，导致人民群众购买日常生活用品的成本大大提高。

第四，环境保护监察不作为和一刀切的现象同样存在。一般看来，越是落后的地方越容易出现执法不严的问题。根据中央环保督察组的通报，2017 年多个地区都出现了环保检查不作为、不到位甚至虚伪和编造的情况。一些地区平时对环保工作能拖则拖，做了一半就停的情况时有发生。或者为了应付检查，环保工作一时紧一时松，更有严重地直接"制造"数据或者编造会议纪要。瞒和骗，也正是前车之鉴"祁连山环境问题"的通报中提到的两大问题。习总书记多次批示，地方都消极以对，直到中共中央办公厅出面调查。这些都是对我国生态文明建设极不负责任的表现。

第五，对于环保督查和执法过于依赖，反而忽视了生态文明建设的内在动力。我国施行的严厉的环保督查和问责制度，并不仅仅是为了一时纠正各地方的监管不到位、缺位等问题，更是为了促进生态文明建设内生动力的发展。要解决我国的生态和环境问题，仅靠严厉问责是不够的。治标的同时，必须还要治本。大力发展生态产业，如果不加紧环境的基础设施建设和内在动力的增强，不走绿色发展的道路，那么长期有效的生态文明建设机制则难以为继。但是对于一些经济发展落后地区而言，环境保护的基础设施还相对薄弱，粗放型的发展方式还没有改变，修复生态环境、治理环境问题并强化绿色发展的目标还很难实现，这也是需要我国在生态文明建设机制中解决的现实问题之一。

（二）体制优化和制度整合的思路

要解决上述问题，只有不断加强体制优化、制度整合和机制创新，才能使我国生态文明的制度建设与改革更进一步。我们要直面上述问题，作出更为科学的长远规划，让十九大以后的生态文明制度体系越来越健全。

首先，我们要加强生态文明建设的总体设计和组织领导。十九大报告中指出，要"设立国有自然资源资产管理和自然生态监管机构，完善生态环境管理制度，统一行使全民所有自然资源资产所有者职责，统一行使所有国土空间用途管制和生态保护修复职责，统一行使监管城乡各类污染排放和行政执法职责"。2018 年 3 月，自然资源部已经成立，原来众多与环境和资源相关的部门得到整合，各类规划得以统筹，职权范围得以明确。但是一个掌握着如此巨大职能的新设机构，要想如计划运转起来，还需要考虑多方面的因素。比如，草原湖泊等集体所有的资源应该如何管理？矿产这类经营性资源和保护地这种公益性资源的管理应该如何区别对待？自然资源部应该如何与其他部委互相监督、合作？自然资源部内部多个部门怎么融合、管理，都是接下来应该探索的方向。

其次，要在制定政策时听取多方意见，考虑不同地区的实际情况。生态文明建设是一项系统工程，必须与经济发展、科技发展和国情相一致。环保要求的提升是具有阶段性的，各个地区所处的阶段不同，制定的目标和措施也应该有所不同。对于不同的地区，应根据地方的经济和科技发展规律分别提出不同的目标和发展意见，在发展过程中不断调整、改革，不能搞"一刀切"。

再次，对于现有的改革措施要灵活应用，机动处理。目前我国出台了众多全局性、战略性的行动纲领，提出了许多具体的改革措施。这些改革措施是针对我国目前的发展情况提出的，适用于当前我国的生态文明制度改革。在这一基础上，应该大力巩固保持部分改革措施，同时针对发展的不同阶段和不同情况创新现有的部分政策；多采用试点的方式，让部分改革以点带面地推广起来。

最后，要继续完善生态环境的管理制度。生态文明绩效考核及生态文明追责制度不应该只是停留在文件里，而是必须落到实处的制度体系。必须形成激励和约束并重、完整有效的生态环境管理制度，推进资源和生态环境保护领域国家治理体系和治理能力现代化，用制度保障我国的生态文明建设，推动绿色发展，建设美丽中国。

延伸阅读：

2017 年 10 月 18 日，赵建军教授接受《21 世纪经济报道》访谈，提出"我们现在处于生态文明体制改革的最佳窗口期"，欢迎读者扫一扫右侧二维码查看详细报道。

七、绿色制造：未来中国制造业崛起的方向

绿色制造，又称环境意识制造、面向环境的制造，一般涉及绿色材料、绿色设计、绿色工艺、绿色包装和绿色处理等内容。其

特点是在原有传统制造业的基础上，加入对环境问题、生态保护和资源节约等方面的思考，将产品设计、生产、装配的整个生命周期中纳入制造的绿色环保意识之中。绿色制造关注制造的全过程是否对环境产生了污染、是否造成了资源浪费等问题。从根本上改变生产模式、减少污染和浪费并以此提高企业利润。绿色制造多采用无污染、对人体无害的健康材料，制造过程清洁高效低耗，制造完成后对环境污染小，产品可回收或者再利用，极大地提高了资源利用效率，使企业的经济效益、社会效益和环境效益协调优化。

（一）绿色制造的主要内容

绿色制造是一个复杂的大型系统项目，覆盖的是产品的全生命周期，所以它的贯彻落实需要大量的科学技术作为支撑。总的来看，它至少需要总体技术、专项技术和支撑技术；从它的产品生命周期来看，可以大致分为五个阶段：绿色的原材料、绿色设计及制造、绿色销售及购买、绿色实用和再制造阶段。因此，绿色制造的主要内容有：绿色材料、绿色设计、绿色工艺、绿色包装和绿色处理。

1. 绿色材料

绿色材料是指在原材料的采集、产品的生产制作和使用、产品的再循环及报废处理和回收过程中，采用的不对环境和生态造成危害、对人体健康没有损伤的材料，一般都是可以降解消化或者促进人体健康，同时也包括那些经过处理后对人类及环境的危害降低的产品和材料。绿色制造采用的材料之所以被称为绿色材料，是因为他们在满足人们需要的同时，与环境和生态的兼容性最强。它在采集、生产和用后回收再利用等各个时期，都能最高效地利用资源同时最低可能地污染环境。

2. 绿色设计

产品的性能实际上在设计过程中就已经得到确认，数据证明这一阶段已经确定了 70%—80% 的产品性质。所以我们常把设计当作产品生命的起点。在以往的设计过程中，我们的需要被放在最显著的位置，为了满足人类的需求，对环境和生态造成的破坏以及对资源造成的消耗和浪费都可以暂时放在一旁。绿色设计也叫环境设计或生态设计，是指在涉及产品的整个生命过程时，多方考虑产品本身的应用功能和产品对环境及资源的影响，例如产品是否可以拆卸、可以回收、可以再利用等，都应该在考虑范围内。并以此作为设计目标，在原有的设计基础上进行优化，一方面对环境和资源作出有利的影响，另一方面还要保证产品本身的质量、性能和成本等。

3. 绿色工艺

绿色工艺与我们所了解的清洁生产有着密切的联系。通常所说的绿色工艺就是指清洁工艺，即在传统工艺的基础上采取材料科技、控制科技等新的科学技术的辅助能力，从而减少生产过程中的能源消耗和环境污染，减少废弃物，降低有毒有害化学产品对环境及人体的危害，改善劳动环境，对生产劳动者进行有效健康保护，使最终的产品与环境相融合。

4. 绿色包装

以往在产品的使用周期结束后，产品包装大部分难以回收。很多包装不仅仅是难以回收，而是成为包装废弃物，危害人体健康，损耗自然资源。例如，一些对环境有害的化学材料或者塑料等，如果不采用焚烧等人为处理方式，其本身的降解时间极长，对环境的破坏极大。因此，生产商在包装上应采用可以回收使用，符合生态平衡、环境保护的要求的包装材料。这样既节约了包装上的资源，又可以减少使用后的环境污染。除此之外，包装用的材料应尽量避免使用有毒有害、难以处理的物质，而应该采用绿色环保可降解的物质，如纸及其他类似材料等。当然，从产品本身入手，改变其大小、形状，从物理上减少包装材料的使用也是个可行的选择。

5. 绿色处理

产品的绿色处理（即回收）同样重要，正是这个阶段使得产品的绿色制造形成封闭系统。刚刚结束了自己生命周期的产品将通过回收重新投入下一个生命周期。它们包括重新使用、继续使用、重新利用和继续利用。为了使回收变得可行，现在的产品将在起初的设计过程中格外重视产品结构，比如面向拆卸的设计方法（DFD）。拆卸可以有效地使回收成为可能，通过拆卸也可以将产品还原成零部件再次加工。只有在产品设计的初始阶段就考虑报废后的拆卸问题，才能实现产品最终的高效回收和再利用。[①]

（二）绿色制造的重要价值

随着 2008 年金融风暴席卷全球，世界经济迅速衰退，特别是大批工厂倒闭，制造业遭到沉重打击，这表明传统的制造模式弊端已经显露出来，它难以适应新时代的要求。全球金融危机和经济衰退同时也为绿色制造提供了一个契机，即制造业也须将环境问题放在优先地位，从而彻底改变过去破坏环境的不良形象。绿色制造已经成为制造业发展的大势所趋，它也成为重新振兴本国经济增长的主要动力和新引擎。

1. 绿色制造是企业长期良性发展的必由之路

随着原材料、能源成本的不断上升，各国对企业排放的要求越

---

① 冯显英：《机械制造》，山东科学技术出版社 2013 年版，第 206—207 页。

来越严格，对产品的环境管理标准提高，企业必须寻找到一条可持续发展的道路，才能实现自我增强或良性正反馈的发展。很多企业往往从整个组织的内部开始寻求减少环境足迹、实现成本节约，以及开发新产品的绿色之路。

可以这样说，只有绿色制造才能迎来企业的新生。实施绿色制造不仅能让企业取得经济效益，提高企业市场竞争力，更重要的是使企业取得环境效益，使得资源得到合理配置，提高资源的利用效率，真正实现企业的持续发展。对于传统的制造业，如钢铁、有色金属、石化与化工、生物医药、轻工、印染等一定要进行绿色转型，要将绿色工艺如废水循环利用集成系统、废气处理及节能减耗、生产流程在线分享采集、环保材料替代毒害材料等应用于制造业，在加工过程中尽量采用清洁高效铸造、锻压、焊接等，让绿色覆盖生产的方方面面。要大力研究和开发生产绿色产品，让耗能低、污染小、可回收利用成为产品的新特点，对于耗能的机器如发电机、内燃机等，要进一步提高他们的能源转化效率，将跟不上绿色转型速度、不符合可持续发展理念的技术淘汰。要在新兴产业诞生之初，就引领它们走上绿色制造之路，建立绿色数据信息共享平台，促进新技术、新能源的绿色化。

2. 绿色制造是制造业可持续发展的战略选择

可持续发展的提出已经有很长一段时间，怎样实现可持续发展的问题可能有不同的选择。不同的国家也在探讨着不同的战略和策略，但是毫无疑问，如果没有制造业的可持续发展，肯定不会有人类的长远生存发展。按照世界资源研究新的定义看，可持续发展就是"建立极少产生废料和污染物的工艺和技术系统"，它不是指某几项产品的清洁生产，也不仅限于"末端治理"型环境保护，而是整个生产系统的转型。从源头治理环境污染，就是要制造业在实施过程中考虑产品整个生命周期对环境的影响，最大限度地利用原材料、能源，减少有害废弃物的排放，选用绿色材料，实施绿色设计、绿色工艺、绿色包装、绿色使用和绿色处理。中国目前在走一条可持续发展的道路，在制造业领域就是所倡导的绿色制造之路，也是现代制造业应该走的一条正确的道路。

3. 绿色制造是实现国民经济可持续发展战略目标的重要技术途径之一

党的十五大报告明确提出实施可持续发展战略之后，十六大报告中也将可持续发展战略作为全面建设小康社会的三大目标之一。目标指出"可持续发展能力不断增强，生态环境得到改善，资源利用效率显著提高，促进人与自然的和谐，推动整个社会走上生产发展、生活富裕、生态良好的文明发展道路"。党的十七大报告更加强调了全面协调可持续发展，并第一次将生态文明写入报告，指出："基本形成节约能源资源和保护生态环境的产业结构、增长方式、消费方式……生态文明观念要在全社会牢固树立。"十八大报告提出建设"美丽中国"，要把生态文明提升到更高的战略层面，融入经济建设、政治建设、文化建设、社会建设各方面和全过程。十九大报告中提出要加快建立绿色生产和消费的法律制度和政策导向，建立健全绿色低碳循环发展的经济体系。从这些一脉相承的论述中可以看到：要建设生态文明，实现美丽中国，制造业必须作出回应，绿色制造正是实现这些根本目标的重要技术途径之一。

绿色制造的实施也将导致一大批新兴产业的形成，并成为新的经济增长点，推动经济在新常态下的持续发展，如废弃产品回收处理产业。随着汽车、空调、计算机、冰箱、复印机、传统机床等产品废旧和报废，一大批具有良好回收利用价值的废弃产品需要进行回收处理，再利用或再制造，由此将导致新兴的废弃物流和废弃产品回收处理产业。回收处理产业通过回收利用、处理，将废弃产品再资源化，节约了资源、能源，并可以减少这些产品对环境的压力，并为整个经济的可持续发展增加新的驱动力。

4. 绿色制造是实现全球生态平衡必不可少的重要一环

环境和生态是与每一个人息息相关的，随着越来越多的人环保意识增强，必然会进一步推动更多的绿色需求，市场的反馈也会促使生产企业作出改善以适应人们的绿色需求，这样将会生产出更多的绿色产品。生态将人类连在一起，不管是个人、企业、团体，还是国家政府都会具有很强的相互依赖性，需要各方协作，不仅处理好自己的义务和责任，而且兼顾其他各方的利益，形成一种合力共同应对未来气候和环境的变化。过去制造业的惯例是有意无意地把废弃物管理的成本转嫁给整个社会，把产品和工艺中有毒物质造成的公共健康成本转嫁给整个社会，但是这种由政府负责处理这些产品的日子即将过去。随着生产者责任延伸的制度越来越规范，这个责任现在已经实实在在地落在了制造企业的肩上。制造业不应将绿色看作是一种负担，而应该看作是一种动力，应该抓住绿色转型的机遇，推动能源革命，加快本行业的技术创新，从而实现经济发展与生态改善的双赢。绿色制造最终所能达到的目标肯定不是单一的，而是多元化的，它把技术对环境、生态的影响和作用进行了充分的衡量。在创新过程中，综合考虑经济和社会的双重效益，不再简单地要求在市场中获得利润，还要求在获得利益的同时兼顾生态友好、社会友好及人的全面发展，最终实现人类的永续发展。

（三）中国绿色制造转变的模式

李克强总理在《求是》发表的文章中指出："促进中国制造上

水平，既要在改造传统制造方面补课，又要在绿色制造、智能升级方面加课，加快 3D 打印、高档数控机床、工业机器人等智能技术和装备的运用。"中国制造实施的关键还在于发展智能制造，以科技引领制造业的蜕变。制造业是推动中国经济社会的重要动力，也是我们赖以在世界市场中占有一席之地的王牌。中国从传统制造向绿色制造的转变主要围绕以下几个方面展开，在转变过程中展现中国特色。

1. 由要素驱动向创新驱动转变

中国长期以来虽然占据世界制造业的首位，但是科技含量不高，创新能力不足。尤其是随着科学技术的进步，世界经济的不稳定极容易造成制造业格局风云变幻。中国不再像以前一样拥有大量的低成本劳动力，资源消耗大、环境破坏严重的情况并没有实现质的改变。可见我国如此大而不强的制造业当务之急是顺应时代，由传统要素驱动，逐步转向创新驱动。未来制造业的发展将会依靠科学技术的进步，所以我们必须迅速摸索出中国特色科技创新道路。

2. 由粗放制造向可持续制造转变

目前，我国制造业的生产方式较为粗放，能源消耗、环境污染都随着制造业增产而增加。虽然单位能耗和污染量逐渐减少，但并没有实质性的改变。制造业的生产排放仍然对我们的生存环境和生活质量造成了极为严重的负面影响。要完成十三五规划的约束性指标，要求制造业必须彻底改变传统的生产模式，从高能源消耗和高污染排放的粗放制造向高能源效率和低污染排放的新型绿色化生产模式转变。可持续制造满足了这种要求，即利用先进绿色科学技术、绿色设计理念以及绿色工艺融入制造业中，使整个制造工业链处于低能耗、低污染以及高质量、高效益的最优结构状态，从而将我国制造业真正做大做强。

3. 由低端制造向高端制造转变

在信息时代背景下，我们正经历着新一代的产业革命，这是一场数字化革命，对整个价值链来说意义非同寻常。目前，信息技术、物联网、智能技术、生物材料等高科技制造业的发展，必然会使传统产业发生巨大改变，形成适应新科技的产业模式，中国已经实施《中国制造 2025》，启动高端制造业的发展计划。我国制造业必须把握好科学技术的先机，从而通过战略制造业高端技术制高点力挽狂澜。

4. 绿色制造，标准引领

2016 年 9 月，工信部、国家标准委联合印发了《绿色制造标准体系建设指南》（以下简称《指南》），确定了包含综合基础、绿色产品、绿色工厂、绿色企业、绿色园区、绿色供应链、绿色评价与服务七个部分的绿色制造标准体系。《指南》还明确了各行业绿色制造的重点领域，以及重点标准建议清单，为不断发展和完善绿色制造标准体系指明了方向。

八、绿色金融：绿色发展方式转变的推动力

环境保护成为全球性问题是自 20 世纪 70 年代开始的。从 1972 年成立的联合国环境署，到各国先后成立的环保机构，最初的研究集中在污染机理认识以及解决污染问题的工艺技术中。随着末端治理的不断深入，环境学的研究重点又延伸到源头治理的环境经济政策中。近年来，随着环保项目不断地涌现，环境产业规模的不断扩大，长久以来作为公共服务的环保行业，面临着政府财政资金短缺等一系列问题，于是绿色金融应运而生。

（一）通过绿色金融促进环境保护和经济和谐发展

习近平总书记提出绿水青山是金山银山，把绿色发展作为重要的发展主题。随着环保问题的日趋严重，环境已经不是鲜花海滩的概念，而是关于生存的概念了。要实现绿色发展，环保部门和金融部门都要有强烈的使命感和责任心，去推动绿色产业的发展。一方面环保部门要排除重重阻力，严格执法，同时，金融部门要选好方向，协调好绿色金融与传统金融理念的差异。一味地追求经济利益，而轻视环境问题，只会带来更多的污染和更惨痛的代价，国家倡导的绿色发展也终将沦为一个虚幻的泡影。金融是现代经济的核心，是"血液"，也是"发动机"，金融资源的流动为经济转型和产业调整提供了发展的基本因子，通过金融资金流量和投向的调节，在经济行为和环境行为之间架起一座桥梁。

绿色发展已经成为我国经济发展的重要理念，绿色金融作为国家的重要战略也在"十三五"规划纲要中明确提出。2016年8月底，经中央深改组审核通过，中国人民银行、国家发改委等七部委联合发布的《关于构建绿色金融体系的指导意见》，从宏观层面为绿色金融发展提供了政策保障和财政支持。2016年9月底，在杭州举行的G20峰会更是首次将绿色金融作为重要议题进行讨论。2017年汉堡G20行动计划，为绿色金融的主流化提供了重要动力。2017年9月，中国金融学会绿色金融专业委员会等七个中国行业协会共同发起了"中国对外投资环境风险倡议"，为中国推动"一带一路"投资绿色化提供了具体的、可操作的内容。由此可见，绿色发展正当时。

我们对绿色金融在解决环境保护和经济发展之间矛盾的功能和作用方面可以概括为以下三点：一是绿色金融资源配置的功能。由于绿色金融的决策是基于两个效益的分析，所以可以实现资源分配的最佳效果，即在实现经济效益最大化的同时，也能够实现环境效益的最大化。通过金融资源对产业和企业的选择，对经济转型和产业调整发挥引导、淘汰和控制的作用，进而实现经济和环境的协调发展。二是环境风险控制的功能。规避风险是金融企业的基本行为。因而可以通过金融企业对环境风险的识别、预测、评估和管理，回避风险的"天性"，实现企业和项目的环境风险最低化。而循环经济、低碳经济、生态经济恰好是环境风险最低的经济发展形式。所以，通过绿色金融可以降低和缓解环境保护和经济发展之间的矛盾。三是对企业和社会环境与经济行为的引导功能。通过金融机构的准入管理和信用等级划分的方式，影响与引导企业和社会的生产和生活方式。

（二）绿色金融在国内外发展前景良好

随着环境与经济矛盾的日益突出，发展绿色金融成为破除矛盾的重要手段。根据国务院发展研究中心金融研究所预测，"十三五"期间，中国绿色投资需求每年将达 2 万亿元～4 万亿元，这其中需要依靠大量的社会投资。绿色金融体系包括进一步推广绿色信贷、建立环境污染责任险、发展绿色股票指数、建立绿色债券市场及绿色发展基金等。绿色金融工具主要包括绿色债券、绿色信贷、绿色基金、绿色股票等，不同的金融工具有其不同的适用范围。中国在系统构建绿色金融体系方面所作的努力是开创性的，并已经开始产生全球性的影响。中国绿色信贷的比例占贷款总额的 10％，并拥有世界上最大的绿色债券市场。目前，全世界只有中国、巴西、孟加拉国三个国家有明确的"绿色信贷定义"。中国也是第一个正式发布"绿色债券指令"和《绿色债券支持项目目录》的国家。我国在政策层面积极推动绿色金融业务发展。2012年银监会颁布了《绿色信贷指引》，2014年中国银行业协会成立了绿色信贷业务专业委员会，2015年绿色金融专业委员会成立，2015年年底绿色债券发行管理的规范性文件发布，碳金融业务也随着各地碳排放权交易所的设立而日渐推行。《生态文明体制改革总体方案》首次明确提出了建立绿色金融体系的战略，标志着指导我国绿色金融发展的顶层设计已经确定。

从全球来看，绿色金融已得到一定程度的发展，许多发达国家积累了大量经验。①绿色债券。2007年，欧洲投资银行发行了5年期6亿欧元的"气候意识债券"，为全球首只绿色债券。截至2014年，全球绿色债券发行金额达380亿美元，投资者范围覆盖主流金融机构、政府主权基金和大型企业等。绿色创新债券还包括地方政府发行的绿色市政债、国际多边金融机构和开发银行发行的绿色开发债券和绿色离岸金融债券、商业银行发行的绿色金融债券及企业发行的绿色债券和绿色高收益债券等。②绿色信贷。"赤道原则"已成为国际银行业开展绿色信贷实践的操作指南。作为首批接受"赤道原则"的跨国银行，汇丰、花旗和渣打3家大型知名国际银行在决策层面设立了相应的绿色信贷专责机构。德国是国际绿色信贷政策的主要发源地之一。"赤道原则"已成为德国银行业普遍遵循的准则，主动参与为德国银行业赢得先机。德国的主要经验是国家对绿色信贷项目予以贴息贷款，杠杆效应显著；以政策性银行为基础开发支持绿色信贷金融产品；环保部门的认可使企业获得绿色信贷。③碳金融。碳金融服务于限制温室气体排放等技术和项目的碳排放权交易、节能减排项目贷款、碳基金、碳信托等金融活动。围绕碳减排权，渣打银行、美洲银行、汇丰银行等欧美金融机构先后在直接投资融资、银行贷款、碳指标交易、碳期权期货等方面作出了创新试验。④绿色资产证券化。目前，全球范围内的绿色资产证券化业务仍处于探索阶段，较为成熟的业务模式并不多，可供证券化的基础资产主要集中在几个领域：一是太阳能屋顶光伏发电受益权，二是"绿色汽车"贷款，三是建筑物能效改进贷款等。⑤绿色顾问咨询业务。绿色顾问咨询业务主要指与绿色信贷、碳金融和绿色投行业务等相关的一些顾问咨询业务。2011 年，标准普尔与点碳咨询公司合作开发了一项服务，对减排项目进行 1～6 级评级，从而有助于碳信用买家和卖家进行风险分析和交易决策。2015 年 4 月，纽约梅隆银行宣布将向其存托凭证客户提供关于上市企业在环境、社会责任和公司治理方面的数据、评级和分析报告。

我国已有省市进行了绿色金融的创新试点，以福建省南平市为例，该市率先推动"生态银行"建设。探索建设全国首家"生态银行"，建立自然资源管理、开发、运营平台，把碎片化、分散化的生态资源，进行规模化收储、整合、优化，引入市场化资金和专业运营商，搭建资源变资产的转化平台。目前实施方案已通过国务院参事室咨询论证，即将在武夷山五夫镇和顺昌县试点运行。

（三）做好绿色金融进一步发展的保障

根据绿色金融在国内外的发展情况，要以积极的态度推动绿色金融在生态文明建设过程中发挥作用。大到政策框架设计、绿色金融理念普及和推广，小到绿色金融产品创新，都还有大量工作要做。

首先，尽快将绿色金融上升为国家战略和政策。做好顶层设计，充分发挥其在实现经济结构调整和发展模式转变等战略目标中的重要作用。政府应发挥投资杠杆等决定性力量。通过财政补贴、税收减免、持续的政府采购方式推动绿色增长。同时，加强财税政策、货币政策、信贷政策与产业政策等一揽子政策的协调与配合，为绿色金融发展创建良好的政策环境。其次，健全法律法规，完善绿色金融体系。制定并完善绿色信贷等业务实施细则，从法律法规层面对企业信息披露等进行硬性约束，转变绿色金融产品的自愿性，促使环境保护与绿色金融融合发展。完善财政贴息机制，鼓励绿色贷款。财政部门、发改委应与银行监管部门和金融机构合作，制订科学、有效、便捷的对绿色项目的贴息计划，既支持治污改造项目，又支持新兴绿色产业。再次，在企业规模上，尽可能囊括更多符合标准的中小企业。提升创新意识，建设多元化绿色金融产品市场。应依托国内现有资本市场体系，鼓励银行、证券、保险、投资银行等金融机构深度介入绿色金融业务，建立绿色债券市场、绿色保险市场等，成立中央和地方财政投入组建的政策性绿色银行。最后，完善环保和金融部门的信息沟通和共享机制。构建可以共同使用的信息平台，加大相关人员环保知识的培训，规范信息共享程序，建立信息共享机制。

九、绿色消费：绿色发展方式转变的新引擎

绿色消费，也称为可持续消费，是指一种以适度节制消费，避免或减少对环境的破坏，崇尚自然和保护生态等为特征的新型消费行为和过程。随着全球范围内绿色化浪潮的推进，绿色消费已得到国际社会的广泛认同，国际消费者联合会从 1997 年开始，连续开展了以"可持续发展和绿色消费"为主题的活动。我国于2016 年 3 月出台的《关于促进绿色消费的指导意见》，成为全面贯彻党的十八大和十八届三中、四中、五中全会精神，深入贯彻习近平总书记系列重要讲话精神，落实绿色发展理念，促进绿色消费，加快生态文明建设，推动经济社会绿色发展而制定的法规。2016 年 11 月，国务院的《"十三五"生态环境保护规划》也指出：

"推动绿色消费。强化绿色消费意识，提高公众环境行为自律意识，加快衣食住行向绿色消费转变。实施全民节能行动计划，实行居民水、电、气阶梯价格制度，推广节水、节能用品和绿色环保家具、建材等。实施绿色建筑行动计划，完善绿色建筑标准及认证体系，扩大强制执行范围，京津冀地区城镇新建建筑中绿色建筑达到 50% 以上。强化政府绿色采购制度，制定绿色产品采购目录，倡导非政府机构、企业实行绿色采购。鼓励绿色出行，改善步行、自行车出行条件，完善城市公共交通服务体系。"十九大报告中，更是具体提出了"倡导简约适度、绿色低碳的生活方式，反对奢侈消费和不合理消费"的决策。可以看出，具有丰富内涵的绿色消费对于我国的绿色发展重大的意义。

（一）绿色消费意义深远

"俭，德之共也；侈，恶之大也"。古往今来，节俭作为一种生活方式，体现了中华民族的价值取向和道德风尚。这种优良传统在如今也仍然蕴含着现代文明理念，引领着绿色消费潮流，是现代化的一条阳光大道。

1. 绿色消费可以优化产业结构和消费结构

我国的工业化发展极大地促进了经济增长，带来了可观的经济效益，但也付出了巨大的环境代价，随之而来的是生态的失衡，环境的污染，给百姓的生活和健康带来了严重的危害。造成这些后果的直接原因是生产方式不合理，而这背后也反映了传统的消费方式存在一定的弊端。因此亟待变革传统的消费方式，提倡一种绿色的消费模式。绿色消费不是"消费绿色"，而是崇尚勤俭节约、低碳文明的一种消费方式，与过度消费、奢侈浪费、过度包装的消费方式相对立。它不仅可以减少环境污染和生态破坏，而且有利于优化产业结构，促进经济增长。绿色消费的诞生和发展，势必会要求绿色产业随之发展，要求为人民提供更多优质的生态产品以满足人民日益增长的需要。通过高科技手段而产生的绿色产业，会直接促进消费结构的优化与升级，并进一步形成新的支柱产业和新的经济增长点。

2．绿色消费是实现可持续发展的重要保障

近年来，我国的经济快速增长也带动了人民生活水平的不断提高。正如十九大报告中指出的一样，人民有着日益增长的对美好生活的需要。但是我国人口众多，资源禀赋不足，环境承载力有限。人们过度消费、奢侈浪费等现象依然存在，绿色的生活方式和消费模式还未形成，加剧了资源环境瓶颈约束。要想实现美丽中国的美好梦想，满足人民的需要，还需要很长一段时间的奋斗。可持续发展强调人类社会发展的持续性、稳定性和长期性，要求经济、社会、资源环境的和谐与统一。可持续发展必须依靠可持续生产和可持续消费。显然，消费关系到每个人的生存和发展，应当纳入可持续发展战略之中。发展绿色消费，是促进人与自然和谐，满足人们物质、文化、生态需要的重要内容，是实现可持续发展的重要保障。

3．绿色消费有利于提高人类的生活质量

随着生产力水平的发展，人们创造出更多的物质财富，更能满足其欲望，但人们并没有获得更多的幸福感。这是由于人们在创造物质财富的同时也在污染环境，在享受物质财富的同时也要忍受恶劣的环境，人类行为不是正效应，而是负效应。如工业"三废"，农业不合理使用化肥农药，使我国不少城市和乡村的空气、水土以及农产品严重污染。同时，由于环境污染形成的一系列公害病和疑难病症（癌症、白血病等）越来越常见，使人类的生命受到威胁。倡导绿色消费，可以使每个人感知环保与自身利益密切相关，在生活和生产中会自觉履行保护环境的义务。

（二）绿色消费理念推广过程中的问题

我国消费者主动选择绿色消费的动力不足，主要存在意识、市场需求、价格、生产、消费环境、知识、外部性等一系列障碍。意识障碍是指消费者的生态意识、环保意识以及社会责任感达不到绿色消费的要求。首先，人们消费习惯由来已久，不可能马上转变，人们对绿色消费品的选择往往有个过程。其次，人们的社会意识不强，人们为了换取自身的安全健康一般都乐于接受多支付费用，但若是为了他人，乃至子孙后代的安全健康支付费用则未必都能做到。最后，由于人们的认识能力有限，对人类行为的后果无法准确预见，所以很难确定什么样的消费行为是真正符合绿色消费要求的。

市场需求障碍是指绿色消费欲望或购买能力不足。价格障碍是指绿色产品通常价格远高于一般产品。生产障碍指绿色产品通常开发难度大、成本高、风险大，获利不稳定，所以企业不愿开发、生产绿色产品。消费环境障碍是指部分企业进行虚假绿色广告宣传，将一般产品甚至是假冒伪劣产品包装为绿色产品，非法使用绿色产品标识，严重威胁绿色产品市场的生存发展。这是受我国绿色消费的大环境影响的。绿色产品的价格往往比一般商品价格要高些，考虑到经济承受能力，有的消费者不得不选择非绿色产品。由于绿色消费品的技术含量高，生产成本高，绿色产品销售时没有价格优势。在市场机制不健全的情况下，绿色产品的销售不能完全体现绿色产品的价值，因此绿色产品生产者的积极性不高。

知识障碍指我国消费者进行绿色消费时普遍缺乏相关知识的指导。外部性障碍是指私益性绿色产品比较容易被接受，而公益性绿色产品由于其正外部性得不到补偿而被拒绝。① 企业在生产经营活动中对环境所造成的损害无须企业自己赔偿，因其采取措施改善和保护环境而花费的成本也不一定能获得补偿，这就造成了现实生活中"越污染越发展"的企业发展悖论。

（三）推广绿色消费的措施

生态文明建设同每个人息息相关，每个人都是践行者、推动者。厉行节约、反对浪费、推广绿色消费，我们每一个人都有责任，社会各方面更应通力协作。

1. 消费者培养绿色消费观念，提高绿色消费能力

消费者应努力培养绿色消费观念，正确理解绿色消费的意义，主动选择绿色消费模式；注重学习绿色消费知识，提高绿色消费能力；积极参与绿色消费实践。对普通消费者而言，现阶段践行绿色消费理念首先是从转变自身消费观念开始，改变铺张浪费的消费观，在日常生活中厉行节约，践行绿色健康的生活方式。

2. 企业树立绿色市场观念，发展绿色产品

由于企业生产模式的绿色程度、产品价格、产品的绿色程度和产品性能等四个因素对绿色消费行为有重要影响。因此，企业要树立绿色营销观念，以市场为导向，调整产品结构，扩大绿色产品生产，努力增加绿色产品种类，以满足消费者的绿色消费需求。其次，企业应加大对绿色技术创新投入，努力研发、引进和推广绿色技术，加快绿色产品开发速度，降低绿色产品成本，改善绿色产品使用性能，提高绿色产品性价比，以吸引更多的绿色消费者。

---

① 武永春：《我国绿色消费的障碍因素分析》，《经济体制改革》2004 第 4 期。

3. 发挥政府主导作用

政府塑造的社会文化环境以及宏观消费环境是影响绿色消费者购买行为的重要因素。首先，政府要在全社会范围推广绿色教育，并大力宣传绿色思想，为消费者营造绿色的社会文化环境，从而提高消费者的环保意识，改变消费者的消费模式，促进绿色消费行为。其次，政府要制定完善的消费政策，解决绿色产品和绿色消费的外部性问题；同时加强对生产绿色产品的企业的管理，保证良好的绿色消费市场环境，对于生产、销售假冒伪劣绿色产品等严重伤害绿色消费行为的企业和个人必须采取严厉的法律措施，最终增强消费者的绿色需求，加深消费者的环保意识，促进绿色消费行为。此外，政府绿色采购市场效应巨大，是构筑绿色消费模式的重要措施和突破口，是实施绿色消费的巨大推力。

4. 注重教育，积极宣传

绿色消费推广的困难主要在于人们对绿色消费的意义还不是很了解，在个人利益与社会利益的选择上往往更加注重个人利益的得失，因此需要通过一定的教育手段和宣传方式，让人们了解绿色消费的实质，即为什么要提倡绿色消费，如何选择绿色产品等。让人们意识到绿色消费是消费者作为一个公民应有的道德意识和社会责任，从"不受环境污染"变为"不要污染环境"。

延伸阅读：

2015 年 5 月 7 日，赵建军教授接受光明网访谈间邀请，对"绿色化是社会发展方式绿色变革的重要体现"谈了自己的观点，欢迎读者扫一扫右侧二维码查看详细报道。

十、公园城市：生态文明理念下的城市建设新模式

城市是政治、经济、文化和社会生活的中心，一个城市的健康有序发展，需要协调人口、土地、生态环境、经济发展等各方面的因素。改革开放以来，我国经历了世界历史上规模最大、速度最快的城市化进程，城市发展波澜壮阔，取得了举世瞩目的成就。城市化的发展带动了国家综合实力的提升，但是经济的迅速发展也给城市发展带来了很多负面效应。目前我国在城市化的进程中主要有三个问题：城市发展中能源短缺、城市的环境问题日益突出、城市规划和设计不科学。新时代城市发展必须破解以上三个问题，推动城市的健康持续发展。

2018 年 2 月 11 日，习近平总书记在四川省成都市天府新区视察时指出，要突出公园城市特点，把生态价值考虑进去，努力打造新的增长极，建设内陆开放经济高地。习总书记提出的建设"公园城市"，为新时代我国城市发展指明了方向。

（一）看得见山，望得见水，记得住乡愁的新型城市

"公园城市"是在习近平新时代中国特色社会主义思想指引下的一次城市理念创新，公园城市是对工业文明城市理念的一场革命，工业文明思维模式是"以人为体，以自然为用"，强调人的主体地位，忽视了城市中其他组成部分的利益和价值，看不到事物之间内在的、不可分割的联系。城市成为放进混凝土的人造物，路面硬化隔断了人与土地的联系。物与物之间的隔断，造成了社会阶层的差别，加剧社会异化。

"公园城市"是城市建设的一场实践革命，是遵从生态文明理

念的一次城市建设新尝试。遵循着人与自然"两个中心"协调、"两种价值"并重的理念。"公园城市"将自然生态系统与人类活动放在了平等的地位，以"公园"为桥梁在人与自然之间搭建了一个平台。习近平同志强调："城市建设的每个细节都要考虑对自然的影响，更不要打破自然系统。"① 从这个意义上讲，"公园城市"实质上就是城市尺度的生态文明形态，是具有生态文明时代特征的城市发展新模式。美丽宜居公园城市是全面体现新发展理念，以人民为中心，实现人、城、境、业高度和谐统一的现代化城市，是农耕文明、工业文明和生态文明交相辉映的城市发展新模式。建设美丽宜居公园城市是牢记习近平总书记的重要嘱托、建设全面体现新发展理念城市的重大实践，是落实国家战略提升国家中心城市功能品质的重要抓手，是落实生态文明中华民族永续发展根本大计的现实需要，是满足人民群众美好生活需要的必然要求，是"绿水青山就是金山银山"理念在城市规划建设中的全面体现，是新时代城市发展新模式的积极探索。

（二）生态文明理念下的新型城市观

"公园城市"是新时代习近平中国特色社会主义思想指引下的城市发展新理论，其与"两山论"、人与自然和谐共生理论、山水林田湖草是一个生命共同体理论等，都是一脉相承的，是习近平生态文明思想的重要组成部分。它是对工业文明城市理念的超越，是在习近平新时代中国特色社会主义思想指导下的城市文明观、城市发展观、城市民生观、城市人文观和城市生活观的综合体现。

1. "生态兴则文明兴"的城市文明观

针对工业文明和城市发展产生的各种问题，习近平总书记提出

---

① 新华网：《习近平在中央城市工作会议上发表重要讲话》，见 http：//www. china. com. cn/cppcc/2015－12/23/content＿37381356. htm。

图 4—4 陕西渭南人和公园人工湖

了"生态兴则文明兴，生态衰则文明衰"的论断，指出生态环境保护是功在当代、利在千秋的事业。要清晰认识保护生态环境、治理环境污染的紧迫性和艰巨性，以对人民群众、对子孙后代高度负责的态度，为人民创造良好的生产生活环境。这是对人类文明发展规律、自然规律、经济社会发展规律的认识，成为中国共产党人带给中国、带给世界的一个历史性贡献。这一理论不仅仅适用于一个文明，对于一个国家或者一个城市都同样适用。被称为"长江源头第一县"的我国青海省玉树藏族自治州曲麻莱县曾因缺水，其县城不得不两次迁址，被废弃的旧县城繁华不再，成为一片荒凉的废墟。因此，生态是城市能够可持续发展的核心，保持生态平衡、维持良好的城市环境是城市经济社会发展的基础和前提。① 公园城市以生态良好、城市宜居的生态文明理念为出发

---

① 郑登贤、伊武军：《城市可持续发展的生态建设》，《宜春学院学报》2004 年第 2 期。

点，目的是解决城市化和工业化过程中的城市环境问题，实现城市的可持续性。

2. "把绿水青山保留给城市居民"的城市发展观

公园城市作为一种新的城市建设模式，在新的发展观上强调在城市发展的过程中，确立生态环境在公园城市建设中的重要地位，敬畏自然、尊重自然规律，像保护眼睛一样保护生态环境，像对待生命一样对待生态环境，充分发挥绿水青山的生态效益，为人类的生存提供最基本的生态保障。近年来，从卖矿石到卖风景、靠树叶子赚钞票子、"毛竹之乡"不卖竹子卖生态产品等故事越来越多。人们逐渐在绿水青山和金山银山之间找到了平衡点，跳出了原有的发展观念，创新了发展思路。

3. "满足人民日益增长的美好生活需要"的城市民生观

在中国特色社会主义进入新时代以后，随着我国人民生活水平的不断提高，我国社会主要矛盾已经转化为人民日益增长的美好生活需要和不平衡不充分的发展之间的矛盾。人们开始越来越多地追求社会性和心理性需要，比如更可靠的社会保障、更丰富的文化生活、更优美的自然环境、更舒适的居住条件等。公园城市建设应从传统的经济导向转为人本导向，重视为居民提供良好的生态环境和更适宜的居住条件。公园城市突出"公"字，做到共商、共建、共治、共享、共融；突出人民属性，以人民的获得感和幸福感为根本出发点；突出"服务所有人"，力争满足各类人群的个性化需求。

4. "历史文化是城市的灵魂"的城市人文观

公园城市作为新型城市建设模式，超越了原来"生态城市""绿色城市"的要求，除了生态以外还格外关注人文的传承。它不仅是解决居民看不见山、望不见水的问题的重要措施，也是传承城市文化的重要形式。生态是城市发展的基础,文化则是城市发展的灵魂,要多角度传承当地的文化。在城市开发和建设之前,要多方搜集城市的历史人文信息,根据当地的特色,建设人文公园、博物馆、人文景区、社区公园等,有效地传承中华优秀的传统文化,让人们更近距离地感受城市精神。另外,要通过传统文化产业让人文记忆更加精细化,通过产业化升级让人文记忆充满生机活力。在这个过程中,城市居民离开拥挤的街道,走入大自然与之互动,自然也就更具文化活力了。

5. 绿色生活方式的城市生活观

公园城市作为我国生态文明建设中的典范,要带头培育和激发市民建设美丽宜居公园城市的主体意识,树立绿色生活方式和绿色消费方式的城市生活观,形成人人参与建设美丽宜居公园城市的良好氛围。同时必须要意识到,建设生态文明,推动公园城市建设,不仅需要从国家层面对生产方式作出绿色化变革,而且公众也应该形成绿色生活新理念。人们在日常生活中应主动为节约资源、保护环境而努力。每个人节约一滴水、一度电,少开一天车,多种一棵树,累加起来就会取得显著的资源节约和环境改善成效。在市场经济体制下,绿色消费可以倒逼厂商不断进行绿色技术创新,以满足消费者的生态需求;大众在垃圾分类处理、废旧物品回收等方面自觉承担义务,有利于减少资源严重浪费与过度消费现象,可以有效促进绿色发展。

(三) 公园城市建设的新特色

美丽宜居公园城市是全面体现新发展理念的城市发展新范式。习近平总书记在成都首次提出的公园城市理念,是习近平生态文明思想的最新成果,是新时代背景下关于城市发展建设模式的最新战略定位。在该战略定位的指引下,公园城市的建设有了新特色。

1. 生态系统与城市生活系统相融合的城市规划

与传统城市规划的生态观念淡薄、经济优先发展的价值取向不同，公园城市的规划与设计要充分尊重原有生态系统，将生态理念融入城市规划的全过程和各方面。公园城市规划中促进生态系统与城市生活系统相融合时，需要特别注意保护生物多样性，规划建设植物园、动物园、野生动物园、城市湿地公园等，开展珍稀濒危物种的迁地保护和人工繁育研究，加强外来物种入侵管控；注重保护风景名胜区和历史文化风貌，保护风景名胜区的自然生态系统、生物多样性和自然景观的功能，加强文化遗产保护传承和合理利用；注重恢复城市自然生态，有计划有步骤地修复被破坏的山体、河流、湿地、植被，积极推进采矿废弃地修复和再利用，治理污染土地；加强城市建筑规划管理，按照"适用、经济、绿色、美观"的建筑方针，突出建筑使用功能。

我国目前已有城市按照生态系统和城市生活系统相融合的方式进行规划，例如福建省南平市的水美城市建设。首先，创新"山、水、城、人"一体的"水美城市"理念。把历史、地域、民俗、自然等文化元素渗透嵌入生态文明建设的每一个项目和环节。坚持以群众为中心，提升公共服务配套和景观，改善市民生活环境。以水为带、以水为脉，让河流、岸线、景观、道路、文化遗产与城市设施自然衔接，实现水与城、水与人、人与自然和谐的宜居城市。其次，建立"建、管、治、护"的推进机制。"建"，重在突破融资模式。充分运用市场化、公司化融资模式，引进社会资本和联合体融资实施生态文明项目的建设及运营。"管"，重在突破各自为政。从单一部门资源投入向多部门资源整合转变。特别是建立部门会商协调机制，合力形成推动生态文明建设的机制。

"治"，重在实施生态治理。全市开展以延平为重点的整治畜禽养殖污染专项行动，让水更清、河更净。"护"，重在实施水、城设施的长效管护。最后，构筑"商、居、文、游"一体的水岸经济模式。打造"看得见山、望得见水"的滨河生态地产发展模式。从"游"拓展，开发新景区，将自身历史人文与自然山水、生态水利相结合，进一步挖掘厚重的文化底蕴和独特的文化资源。同时通过岸上岸下共同治理、建设，将黄金水道打造成"城市客厅"；通过旅游、文化产业形成"品牌"效应。

图4—5 福建省南平市美景

2. 绿色、低碳、循环、高效的城市经济运行体系

在公园城市建设的大框架内，打造绿色、低碳、循环、高效的城市经济运行体系需要有序推进。首先，以公园城市建设为抓手，推动经济组织方式由"产城人"向"人城产"转变。其次，创新产业布局模式，依托公园空间支持传统产业优化升级，同时发展新经济、培育新业态。再次，充分发挥高校和科研机构的创新能力，为公园城市提供持续创新能力支撑。最后，通过明确产业"正清单"，制定产业"负清单"等政策性手段全面推进产业绿色发展。

3. 统筹生产、生活、生态的空间布局

公园城市的建设要特别注重合理统筹生产、生活、生态空间。

首先，适度集中和压缩生产空间，提高土地利用强度，降低生产和生活空间混杂布局和无序蔓延对生活居住和城市功能的影响程度。其次，提高生活空间的舒适度和便利性。如限制停车、完善自行车路线标识等，并将城市公园体系、绿地空间、滨水休闲空间、环城近郊休闲游憩带等组合形成网络化、整体性的休闲游憩系统。最后，适度扩大生态空间，提升生态空间与生活空间的融合度，适度扩大生态空间规模，并使生活空间充满绿色。

4. 公园景观与道路、城市景观融为一体的城市休闲游憩系统

公园城市是全面体现新发展理念，以人民为中心，实现人、城、境、业高度和谐统一的现代化城市，其建设需要将市民休闲、游客旅游需求进行统筹考虑，从而实现宜居、宜闲、宜游的建设目标。由此可见，城市休闲游憩系统的建设和优化与公园城市建设既是一种被包含与包含的关系，又是一种互动关系，二者相得益彰、相互促进。一方面，城市休闲游憩系统作为公园城市建设的重要内容，推动公园城市的建设；另一方面，公园城市作为城市休闲游憩系统的基础平台，促进休闲游憩系统的完善。城市休闲游憩系统需要围绕市民定居空间、游客旅居空间，以休闲游憩、休闲旅游项目发展完善为目标，将休闲游憩、休闲旅游功能融入公园城市建设的各个空间和层面，如居住、生产、交通功能区，形成处处都是休闲游憩环境的城市特色。

5. 城乡融合的全域公园体系

乡村地区是城市空间和城市功能体系的重要组成部分，拥有最广泛最深厚的基础以及最大的潜力和后劲。因此，城市发展必须将乡村建设考虑在内，必须把城乡融合发展作为重大历史规律加以遵循。乡村拥有广阔的发展空间和丰富的绿地生态资源，是公园城市建设的重要组成部分。公园城市既要包括城市，也要包括

农村，要用绿道慢行系统把城市与乡村连通，连接景区、农田、乡村，充分展现公园城市的美丽和宜居环境。从战略层面看，以公园城市标准建设乡村和乡村振兴战略有着相同的目标诉求，二者都旨在推进美丽宜居乡村建设，促进农村新型发展和城乡融合发展，全面改善农民生活环境和提高农民生活水平，让农民成为改革开放的受益者。

第五章 新价值：实现美丽中国梦

一、生态文明：人类文明未来演进的方向

人类社会正处在由工业文明迈向生态文明的转型期，中国的快速发展面临资源、能源和环境的巨大压力和挑战，转变经济增长方式需要发展理念上的一场革命。建设生态文明，不仅是关乎中华民族永续发展的千年大计，也是对世界文明发展的积极贡献。生态文明是党执政兴国理念的新发展，是对落实科学发展观、深化全面建成小康社会目标提出的更高要求。

（一）生态文明与其他文明形式关系十分密切

人类在政治、经济、文化、生态方面的所有进步作为一个整体都是人类文明的组成要素。一方面，物质文明、政治文明和精神文明离不开生态文明，没有生态安全，人类自身就会陷入最深刻的生存危机。另一方面，人类自身作为建设生态文明的主体，必须将生态文明的内容和要求内在地体现在人类的法律制度、思想意识、生活方式和生产方式中，并以此作为衡量人类文明程度的一个基本标尺。也就是说，建设社会主义的物质文明，内在地要

求社会经济与自然生态的平衡发展和可持续发展；建设社会主义的政治文明，内在地包含着保护生态、实现人与自然和谐共生的制度安排和政策法规；建设社会主义的精神文明，内在地包含着保护生态环境的思想观念和精神追求。

（二）生态文明建设与科学发展观本质上是一致的

生态文明建设与科学发展观在本质上是一致的，二者都是以尊重和维护生态环境为出发点，强调人与自然、人与人、经济与社会的协调发展。以可持续发展为依托，以生产发展、生活富裕、生态良好为基本原则，以人的全面发展为最终目标。可见，生态文明建设是落实科学发展观的重要举措。人类既不能简单地去"主宰"或"统治"自然，也不能在自然面前无所作为。换言之，建设生态文明必须以科学发展观的"以人为本"为指导，从思想认识上实现根本转变。必须摒弃传统的"向自然宣战""征服自然"等口号，树立"人与自然和谐共生"的理念。必须克服资源短缺的瓶颈，解决环境污染和生态破坏造成的矛盾和问题，增强可持续发展能力，实现经济社会又好又快发展。必须辩证地认识物质财富的增长与人的全面发展的关系，转变重物轻人的发展观念；辩证地认识经济增长和经济发展的关系，转变把增长简单地等同于发展的观念；辩证地认识人与自然的关系，转变单纯利用和征服自然的观念。

（三）生态文明代表了人类未来演进的方向

传统工业文明已经走到了自身发展的尽头，人类未来的可持续发展呼唤生态文明的到来。生态文明以人与自然和谐为本，以经济、社会、人口和自然协调发展为准绳，以资源的循环和再生利用为手段。生态文明克服了工业文明的弊端，是未来人类永续发展的必然选择。

　　党的十九大在"五位一体"总体布局的基础上，将生态文明建设确定为中华民族永续发展的千年大计，为推进生态文明建设提出更高的价值要求，提供更广阔的实践舞台。大批可持续发展实验区、循环经济试点、生态城市试点、低碳城市试点、公园城市试点应运而生，成为开启生态文明建设时代一道道靓丽的风景。如珠海市是广东省最早选择"人与自然和谐相处"发展方针的城市之一，人均绿色 GDP 位居广东省前列。改革开放四十年来，珠海市坚持以科学发展观统领全局，力争发展经济与保护环境"双赢"，保留了良好的生态环境基础。面临难得的发展机遇，珠海市确立了"建设生态文明新特区，争当科学发展示范市"战略的新目标，抓住了珠海市已有的特色和潜力。为推进生态文明建设，珠海市率先实施生态立市战略，提升全市生态文明意识，合力推进政府主导、制度建设、社会参与这三个实施重点。做到政策到位，考核跟上，加大投入，科技支撑，充分发挥专家智囊的作用。明确阶段发展目标，大力发展高端服务业、高端制造业、高新技术产业，进一步打造绿色竞争力。通过制定法规、政策使生态文明成为珠海市持续一贯的发展方式和发展理念，真正实现生产发展、生活富裕、生态良好、具有生态魅力的目标。

　　我们应当清醒地认识到生态问题正在演变为当今世界人类社会发展的中心问题，资源匮乏、环境恶化、生态系统退化将是建设生态文明的巨大障碍。要实现观念的转变、发展方式的转变，最大限度地节约能源、资源，就必须从现在做起，从自身做起。政府要做生态文明建设的倡导者、企业要做生态文明建设的排头兵、老百姓要做建设和守护人类美丽家园的创造者。

延伸阅读:

赵建军教授接受新丝路访谈邀请,就"新丝路:绿色动力"的相关发展内容,谈了自己的一系列观点,欢迎读者扫一扫右侧二维码查看详细报道。

二、生态文明：实现可持续发展的必然

20 世纪下半叶以来,随着科技进步和社会生产力的极大提高,人类创造了前所未有的物质财富,加速推进了文明发展的进程。与此同时,人口剧增、资源过度消耗、环境污染、生态破坏和南北差距扩大等问题日益突出,成为全球性的重大问题,严重地阻碍着经济的发展和人民生活质量的提高,继而威胁着全人类未来的生存和发展。在这种严峻形势下,人类不得不重新审视自己的社会经济行为和走过的历程,认识到通过高消耗追求经济数量增长和"先污染后治理"的传统发展模式已不再适应当今和未来发展的要求,而必须努力寻求一条经济、社会、环境和资源相互协调的可持续发展道路。

(一) 可持续发展战略的提出

1. 可持续发展的由来

可持续发展作为一种理论和战略,是国际社会对工业文明和现代化道路深刻反思的产物。当今世界,人们在追求经济增长的同时,从人类的生存环境、生活质量和长远利益出发,将社会、人口、环境、资源提上重要议事日程,不仅确认人类自身的发展权利,而且强调人和自然的协调发展。基于这种认识,1972 年 6 月 5

日，联合国人类环境会议在瑞典首都斯德哥尔摩召开，第一次讨论全球环境问题及人类对于环境的权利与义务。大会通过了《人类环境宣言》，该宣言郑重申明：人类有权享有良好的环境，也有责任为子孙后代保护和改善环境；各国有责任确保不损害其他国家的环境；环境政策应当增进发展中国家的发展潜力。会议确定每年 6 月 5 日为"世界环境日"，要求世界各国在每年的这一天开展活动以提醒人们注意保护环境。这次会议具有里程碑的意义，它第一次把发展与环境的关系问题摆在了世人面前，它是各国政府共同讨论环境问题的第一次首脑会议，随后成立了联合国环境规划署（United Nations Environment Pro—gramme，UNEP），作为协调全球环境问题的专门机构。

1987 年，由当时的挪威首相布伦特兰夫人主持的世界环境与发展委员会发表了题为《我们共同的未来》的报告，正式提出了可持续发展的概念，即可持续发展是既满足当代人的需求，又不对后代人满足其需求的能力构成危害的发展。这一定义得到广泛认同，标志着可持续发展理论的产生。

1992 年 6 月，联合国环境与发展大会在巴西里约热内卢召开，有 183 个国家和地区的代表参加，其中有 102 个国家元首或政府首脑出席。会议否定了工业革命以来高投入、高生产、高污染、高消费的传统发展模式，通过了《里约热内卢环境与发展宣言》《21 世纪议程》《联合国气候变化框架公约》等重要文件。可持续发展作为一种新发展观和价值理念被国际社会确立下来。

2002 年 9 月，联合国可持续发展世界首脑会议在南非约翰内斯堡召开，有 192 个国家和地区的 2 万余人（包括 104 位国家元首或政府首脑在内的代表）出席了会议，四千多家媒体向全世界报道了大会盛况。会议通过了《可持续发展世界首脑会议执行计划》

和《约翰内斯堡可持续发展承诺》两个重要文件，并达成了一系列关于可持续发展行动的《伙伴关系项目倡议书》。这些文件明确了全球未来 10～20 年人类拯救地球、保护环境、消除贫困、促进繁荣的世界可持续发展的行动蓝图，对未来的环境和发展产生巨大而深远的影响。

从 1972 年人类环境会议到 2002 年地球首脑峰会，这 30 年是人类对可持续发展认识不断深化的过程，是全球面对共同挑战，实现协同发展的过程。可以说每一次联合国环境与发展会议，都有力地推动了国际社会对可持续发展的认识与合作。可持续发展已经从思想观念变成了战略和行动。

2. 可持续发展的内涵

可持续发展（sustainable development）最早由联合国大会在 1980 年 3 月首次使用，1987 年由布伦特兰主持的《我们共同的未来》报告中提出的概念得到了国际社会的普遍认可：可持续发展是"既满足当代人的需求，又不对后代人满足其需求的能力构成危害的发展"。这一概念具有以下基本内涵：

（1）可持续发展的核心是发展，消除贫困是实现可持续发展的必不可少的条件；

（2）可持续发展以自然资源为基础，同资源承载能力相适应，不以环境污染、生态退化为代价来换得经济增长；

（3）可持续发展并不否定经济增长，但批判那种把增长等同于发展的传统模式，可持续发展强调提高生活质量，并与社会进步相适应。可持续发展是经济增长、社会进步和生态良好的统一；

（4）可持续发展的实施要以适宜的政策和法律体系为条件，强调综合决策与公众参与。在经济发展、人口、环境、资源、社会保障等各项立法和重大决策中，都必须贯彻和体现可持续发展的思想。

3. 可持续发展的基本原则

可持续发展作为一个具有丰富内涵的理论，包含以下四大基本原则：

（1）公平性原则，公平性是可持续发展的核心，主要强调代际之间、代内之间以及人与动物之间的公平；

（2）共同性原则，我们人类面临着共同的挑战、共同的选择、共同的行动、共同的道路；

（3）协调性原则，包括人与自然的协调，经济、社会与自然系统的协调等；

（4）持续性原则，涉及人口增长、自然资源承载能力和环境容量的持续等。

多年来，可持续发展理论的建立与完善一直沿着三个方向不断揭示其内涵和实质，即经济学方向、社会学方向和生态学方向。可持续发展的研究，力图把当代与后代、区域与全球、空间与时间、结构与功能等统一起来。

（二）生态文明是实践可持续发展的基础

生态文明，是以人与自然、人与人、人与社会和谐共生、良性循环、全面发展、持续繁荣为基本宗旨的状态。生态文明的本质特征是人与自然和谐共生的文明形态。人与自然和谐共生，既是生态文明的核心价值理念和根本目标，也是建设生态文明的评价标准和行动指南。人与自然和谐的前提是要承认自然本身具有的价值，自然界的丰富多彩并不是人类赋予的，而是内在的禀赋。不论是风景如画的九寨沟，还是美丽生动的西湖，它绝不仅仅是一个自然物，它能带给人一种美的享受，带给人一种精神上的愉悦，带给人一种理性的思考，带给人一种精神境界的提升。建设生态文明，就是要把人与自然这样一种灵性互动作为人与自然相互作用的基础，也就是把自然看作是与人类平等的生存对象，把社会的道德伦理延伸到自然界。[①]

就发展的本质而言，可持续发展不仅用生态系统的"整体、协调、循环、再生"的法则来调节人与人、人与社会之间的关系，而且还用生态文明来调节，人与自然之间的道德关系，调节认定的行为规范，维护人类生态系统的平衡。发展从单一的经济增长目标过渡到社会、经济、生态全面协调发展的综合目标。

就发展的目标而言，可持续发展的最终目标是要调节好生命系统，支持环境之间的生态关系，使有限的自然资源和生态环境在现在和未来支撑起生命系统的健康运行。而生态文明则不仅是要自然环境健康发展，还要追求人类社会的健康运行。因此，生态文明所倡导的人类的一切活动既要遵循经济规律，符合生态规律和社会规律，使经济效益和环境效益、社会效益全面协调，又要符合可持续发展的现实要求。

可持续发展只有在生态文明的条件下才能实现，同时可持续发展战略的实施推动和促进生态文明建设，只有在可持续发展中谈论生态文明，在可持续发展中建设生态文明，才是具体的、有意义的。[②]

（三）中国推进可持续发展战略的举措

1. 率先颁布《中国 21 世纪议程》

1992 年世界环境与发展问题国际会议后，中国政府履行承诺，率先推出《中国 21 世纪议程——中国 21 世纪人口、环境与发展白

---

① 赵建军：《建设生态文明的重要性与紧迫性》，《理论视野》2007 年 7 月。
② 李圭栋、张爱国：《生态文明及其与可持续发展关系的探讨》，《绿色科技》2012 年第 10 期。

皮书》（以下简称《中国 21 世纪议程》），并经 1994 年 3 月 25 日国务院第 16 次常务会议讨论通过。同时制定《中国 21 世纪议程优先项目计划》，以实际行动来推进中国可持续发展战略的实施。1996 年 3 月 17 日，第八届全国人大四次会议将可持续发展正式确立为国家战略。

《中国 21 世纪议程》共 20 章，74 个方案领域，从我国的具体国情和人口、环境与发展的总体联系出发，提出了促进经济、社会、资源与环境相互协调和可持续发展的总体战略、对策以及行动方案。《中国 21 世纪议程》实施以来，我国积极有效地实施了可持续发展战略，在经济社会全面发展和人民生活水平不断提高的同时，人口过快增长的势头得到了控制，自然资源保护与管理得到加强，生态保护与生态建设步伐加快，部分城市和地区环境质量有所改善，国家可持续发展能力有所增强。各部门和地方相继制定了可持续发展指标体系，建立一批国家级"可持续发展实验区"，以及生态省建设等。

2. 坚定不移地实施可持续发展战略

"十五"计划具体提出了可持续发展各领域的阶段目标，并专门编制和组织实施了生态建设和环境保护重点专项规划，社会和经济的其他领域也都全面体现了可持续发展战略的要求。2016 年9 月 19 日，李克强总理在纽约联合国总部主持召开"可持续发展目标：共同努力改造我们的世界——中国主张"座谈会，并宣布发布《中国落实 2030 年可持续发展议程国别方案》。《方案》包括中国的发展成就和经验、中国落实 2030 年可持续发展议程的机遇和挑战、指导思想及总体原则、落实工作总体路径、17 项可持续发展目标落实方案等五部分，成为指导中国开展落实工作的行动指南，并为其他国家尤其是发展中国家推进落实工作提供借鉴和参考。

　　3. 从科学发展观、"两型社会"到生态文明、美丽中国

　　改革开放四十年的发展是迅速的，取得的成就是巨大的，但资源环境问题也是空前的。为此，2002 年党的十六大提出全面建设小康社会，并强调人与自然和谐发展；党的十六届三中全会明确提出坚持以人为本，全面、协调、可持续的科学发展观；2005 年召开的中央经济、人口和资源会议上提出建设资源节约型、环境友好型社会（两型社会）；2007 年党的十七大进一步提出建设生态文明的战略主张。2012 年党的十八大强调把生态文明建设放在突出地位，融入经济建设、政治建设、文化建设、社会建设各方面和全过程，并将美丽中国作为执政理念提出。党的十九大进一步强调加快生态文明体制改革，建设美丽中国，将坚持人与自然和谐共生提升到新时代坚持和发展中国特色社会主义的基本方略高度。

　　近年来，通过科技创新、体制转轨和资金投入等，生态文明建设取得了很好的成效，特别是大力推行循环经济、绿色经济，减少了资源消耗，降低了污染物排放，提高了资源利用效率，增强了中国可持续发展能力。

　　4. 坚持科学发展，转变发展方式

　　进入 21 世纪的第二个十年，连续保持多年经济快速增长的中国，已经成为世界举足轻重的经济体。然而在经济发展过程中，传统的增长方式即高投入、高消耗、高排放、高碳特征的模式与拼资源、拼消耗、拼廉价劳动力的粗放特征依然占主导地位。发展方式的转变迫在眉睫。应加快调整经济结构，包括空间结构、发展结构、产业结构、能源结构、投资结构、分配结构、社会结构、人才结构等。彻底消解资源环境"瓶颈"的约束问题，出口、

投资、需求的拉动问题，社会民生与区域发展的公平问题，进一步提升综合国力，让百姓真正过上有尊严的生活。

5. 走绿色发展道路

绿色，代表生命，象征希望和活力；代表和谐，是健康发展的本质内核。绿色发展是指国家的发展过程、运行机制和行为方式等建立在遵循自然规律基础上，不以损害和降低生态环境的承载能力、危害和牺牲人类健康幸福为代价，追求经济社会与生态环境协调可持续发展，以实现生产、生活与生态三者互动和谐、共生共赢为目标。2018 年 5 月 18 日，习近平总书记在出席全国生态环境保护大会时强调，要全面推动绿色发展。绿色发展是构建高质量现代化经济体系的必然要求，是解决污染问题的根本之策。重点是调整经济结构和能源结构，优化国土空间开发布局，调整区域流域产业布局，培育壮大节能环保产业、清洁生产产业、清洁能源产业，推进资源全面节约和循环利用，实现生产系统和生活系统循环链接，倡导简约适度、绿色低碳的生活方式，反对奢侈浪费和不合理消费。

绿色发展模式与科学发展观是一脉相承、相辅相成的，当今世界发展的核心是人类发展，人类发展的主题是绿色发展，实现绿色发展是贯彻落实科学发展观的必然要求。

绿色发展是一场价值观的革命，更是一场思维方式的革命；绿色发展既是一种新的发展观，又是一种崭新的道德观和文明观。绿色发展与中国改革开放以来长期实行的"增长优先"模式不同，绿色发展强调的是经济发展与环境保护的统一和协调，注重社会、经济、文化、资源、环境、生活等各方面协调，既满足当代人需求，又不对后代人发展构成危害；既反对人类中心主义，又反对自然中心主义。绿色发展所承载的生态文明和绿色文明注重的是如何使优先的财富带来更大的幸福，而不是如何获取最多的财富。绿色发展更关注人的精神满足，而非社会资源的占有。

人类的发展虽然跃过了生存的困境，却依然面临着发展的挑战。我们既要发展经济，不敢有丝毫怠慢，又要保护好资源和环境。不只是我们能生活得幸福安康，还要让子孙后代能够享有充分的资源和良好的自然环境。自然没有先天的恩赐，人类必须自己去创造；面对前所未有的困境，人类必须依靠自己，调整自我。中国人民有能力、有智慧、有责任，通过坚定不移地实施可持续发展战略，一定会创造一个天人合一之境，一个健康和谐的社会，一个光辉灿烂的未来。

延伸阅读：

2016 年 4 月 22 日，赵建军教授接受光明网专稿名为《关注生态文明建设热点与难点的党校教授》的采访，欢迎读者扫一扫右侧二维码查看详细内容。

三、生态文明：实现社会主义现代化的现实选择

党的十九大提出新时代中国特色社会主义思想，明确坚持和发展中国特色社会主义，总任务是实现社会主义现代化和中华民族伟大复兴，在全面建成小康社会的基础上，分两步走在 21 世纪中叶建成富强民主文明和谐美丽的社会主义现代化强国。我们党在"五位一体"总体布局基础上对社会主义现代化国家作出更为完善的阐释，为社会主义现代化建设指明了方向。毋庸置疑，要想实

现社会主义现代化，生态文明建设必不可少，生态文明建设是实现社会主义现代化的现实选择。

（一）现代化的内涵及其生态转向

"现代化"来源于与传统相对的"现代"，是用来概括人类社会近期发展进程中急剧转变的过程，有"成为现代的"之意。1951年6月，"现代化"一词，首先使用在《文化变迁》杂志的学术会议上。此杂志为美国著名经济学家西蒙·库兹涅茨创建，用于讨论当时有关贫困与经济发展的不平衡问题、美国对外政策以及各种相关理论；1958年，美国学者丹尼尔·勒纳在《传统社会的消失：中东的现代化》中也使用"现代化"，用以描述传统社会向现代社会的转变过程；1966年，美国学者西里尔·E.布莱克在《现代化的动力——一个比较史的研究》将"现代化"定义为"历史形成的各种体制对迅速变化的各种功能的一个适应过程"。现代化是一个关于经济、政治、社会等多个学科领域的概念；既可以理解为经济学领域的社会经济行为由低级向高级转变的过程，也可以理解为社会学家、政治学家或历史学家眼中的传统社会、传统整体向更发达的、更合理的层面转变的过程，这个过程是伴随着科学技术的发展、工业化的进程所发生的。综合来看，现代化可以理解为社会经济生产与社会意识形态之间整体性的更高级、更优越、更适应的一个过程。在此过程中，整个人类群体的生产、生活方式，价值观、心理态度等都发生了相应的改变，同时伴随着人类社会文明范式的更替。

世界各国现代化进程的起步和发展是参差不齐的。18世纪的欧洲产业革命揭开世界现代化进程的序幕；20世纪70年代，西方主要资本主义国家已经陆续完成经济、社会形态的转变，从农业经济社会转变为工业经济社会，这一阶段被称作人类社会的第一次现代化。人类社会第一次现代化进程的突出特征表现为工业化，同时，伴随这一过程农业文明发生了向工业文明的转变，工业文明的价值理念、发展模式也开始从欧洲向其他国家渗透。然而由于秉持物质主义、经济主义、消费主义和个人主义的价值观，第一次现代化进程在创造了丰富物质财富的同时，也造成了全球性的贫富分化和资源环境的生态危机。资产阶级的生产关系和交换关系，资产阶级的所有制关系，这个曾经仿佛用法术创造了如此庞大的生产资料和交换手段的现代资产阶级社会，现在像一个魔法师一样不能再支配自己用法术呼唤出来的魔鬼了。①

1962 年卡逊的《寂静的春天》拉开了人类环保运动的序幕。1972 年来自罗马俱乐部的《增长的极限》的报告，加深了人类对于工业革命以来粗放型经济发展模式给人类社会带来的毁灭性灾难的认识。"纯粹技术上的，经济上的或法律上的措施和手段，不可能带来实质性的改善"，只有"改变这种增长趋势和建立稳定的生态和经济条件"，人类才能走出工业社会面临的困境。国际上对于"人类生存危机"问题的环境解决途径，使得世界范围内广泛涌动着一种主张"没有破坏的发展"的经济增长思潮，即经济发展与环境保护的关系应该呈现出非对抗性的关系，斯德哥尔摩《人类环境宣言》以及《我们共同的未来》等国际倡议也成为解决国际环境问题的基础约束。可以看出，这一时期的现代化理论在发展的内在指向与外部环境上都已经开始具有明显的生态转向。

（二）生态文明是社会主义现代化的有机组成部分

人们对客观世界的认识不可能一蹴而就，只能随着实践的深入更加深刻更加全面。社会主义现代化建设前无古人，中国共产党

---

① 《马克思恩格斯选集》第 1 卷，人民出版社 1995 年版，第 277—278 页。

人必须在探索实践中逐步认识其发展规律。新中国初期，我们将社会主义现代化简单等同于社会主义工业化；20世纪50年代后期到60年代前期，形成并提出工业、农业、国防和科学技术四个现代化的奋斗目标，从而丰富了社会主义现代化的基本内容。在全面实行改革开放过程中，党的十三大提出"把我国建设成富强、民主、文明的社会主义现代化国家"，进而把社会主义现代化的内容拓展到经济建设、政治建设和文化建设三大领域。步入21世纪，党的十七大将构建和谐社会纳入社会主义现代化的建设目标，把民生等社会建设问题提到了更加突出的位置。党的十八大以来，我们党将中国特色社会主义现代化建设明确为经济建设、政治建设、文化建设、社会建设、生态文明建设"五位一体"总体布局，牢固树立和贯彻落实新发展理念，全面做好稳增长、促改革、调结构、惠民生、防风险各项工作，保持经济平稳健康发展和社会和谐稳定。党的十九大提出，到21世纪中叶要建成富强民主文明和谐美丽的社会主义现代化强国。同时还指出，我们要建设的现代化是人与自然和谐共生的现代化，既要创造更多物质财富和精神财富以满足人民日益增长的美好生活需要，也要提供更多优质生态产品以满足人民日益增长的优美生态环境需要。由此可见，我们对社会主义现代化发展规律及其内容的认识，由相对单一的经济指标逐步拓展到政治、文化、社会、生态等各领域的全面发展，从而构成了今天中国特色社会主义事业的宏大布局，构成了中华民族伟大复兴的美好蓝图。在这一宏大布局中，生态文明是有机组成内容，更是基础，为经济、政治、文化、社会领域的现代化发展提供坚实的生态基础。

（三）以生态文明建设推动社会主义现代化的实现

生态文明是一种可以实现人与自然和谐，实现人全面发展的文明形态。从广义角度来看，生态文明是一种新型文明形态，它以人与自然协调发展为准则，要求实现经济、社会、自然环境的可持续发展。从狭义角度来看，生态文明是与物质文明、政治文明和精神文明相并列的现实文明形态之一，着重强调人类在处理与自然关系时所达到的文明程度。

党的十九大报告强调，生态文明建设功在当代、利在千秋。生态文明的提出，顺应了时代发展的要求。生态文明是我们党的重大理论创新成果，是对人类文明发展理论的丰富和完善，是对人与自然和谐发展理论的提升。这既反映了党和政府对发展与环境关系认识的不断深化，也体现了走可持续发展道路，实现人与自然和谐的坚定信念。我们党提出建设生态文明，顺应当代社会三大转变：人类文明形式由工业文明向生态文明的转变，世界经济形态由资源经济向知识经济的转变，社会发展道路由非持续发展向可持续发展的转变。这是对马克思主义生态文明观的继承和发展。加强生态文明建设是解决全面建成小康社会面临的资源约束和环境压力、保证国民经济健康发展、大力推进生态文明建设的重大举措，应积极树立生态文明、以人为本的理念，努力践行适度消费、资源节约的生活方式。

1. 积极树立生态文明、以人民为中心的理念

近年来，因环境污染损害群众财产和健康而引发的群体性事件逐渐成为影响社会稳定的突出问题。面对全面建成小康社会的目标和资源约束趋紧、环境污染严重、生态系统退化的严峻形势，全社会要深刻理解全面促进资源节约、建设生态文明，是关系人民福祉、关乎民族未来的长远大计。要牢固树立以人民为中心的发展理念，尊重自然、顺应自然、保护自然的生态文明理念，把生态文明建设融入经济建设、政治建设、文化建设、社会建设各

方面和全过程。把发展生产、繁荣经济和生态环境保护、资源节约有机统一起来，既要立足当代，又要放眼未来，推动社会走可持续发展之路。

2. 努力践行绿色生产方式和绿色生活方式

推进绿色发展是生态文明建设治本性措施，要加快建立绿色生产和消费的法律制度和政策导向，建立健全绿色低碳循环发展的经济体系。构建市场导向的绿色技术创新体系，发展绿色金融，壮大节能环保产业、清洁生产产业、清洁能源产业。推进能源生产和消费革命，构建清洁低碳、安全高效的能源体系。推进资源全面节约和循环利用，实施国家节水行动，降低能耗、物耗，实现生产系统和生活系统循环链接。同时，要提倡简约适度、绿色低碳的生活方式。加强宣传教育，大力提倡可持续的、绿色的生活理念，将绿色生活理念作为一种现代生活方式，融入人们日常生活的方方面面。使人们做到：节能减排，低碳出行；省电节电，珍惜能源；珍惜粮食，绿色饮食；按需定量，理性消费；惜水节水，循环利用；低耗高效，无纸办公；提倡有机，减少污染；勤俭节约，拒绝奢侈；植树种花，美化生活。

总之，建设生态文明是实现中国特色社会主义现代化的重要内涵，有利于实现人与自然的和谐发展。建设生态文明，必须遵循自然生态规律，在人与自然和谐相处、共生共繁、协调发展过程中实现经济增长与社会发展，积极构建和谐社会。

四、生态文明：迈向美好生活的崭新一页

美好生活到底应该是什么样子？不同的人会有不同的理解，但是物质生活的充裕、精神生活的富足和生态环境的优美等必然内

涵于人们所追求的美好生活之中。生活环境的好坏是衡量美好生活的一项硬性指标。早在 2005 年，党的十六届五中全会明确提出了要加快建设资源节约型、环境友好型社会，此后的十七大、十七届四中全会、十七届五中全会上都提出了建设生态文明的要求。十八大把生态文明建设提高到经济建设、政治建设、文化建设、社会建设的基础地位。十九大强调要创造更多物质财富和精神财富以满足人民日益增长的美好生活需要，要提供更多优质生态产品以满足人民日益增长的优美生态环境需要，表明了党和国家充分地认识到良好的生态环境是美好生活的必要条件，凸显了党和国家对当代中国人和子孙后代的现实关照及长期责任，为中国人迈向美好生活翻开了崭新的一页。

文明既是指人类所创造的物质财富和精神财富的总和，也是指社会发展到较高阶段表现出来的状态。生态文明是以尊重和维护自然为前提，以人与人、人与自然、人与社会和谐为宗旨，以建立可持续的生产方式和消费方式为内涵的一种文明形态。它要求全社会都要有一个观念、制度、行为的转变，没有个人、企业、政府等各个层面的理解、参与和支持，生态文明建设就难以获得进展。当然，生态文明以其内在的价值、展示的目标、描绘的愿景可以达到引导人、团结人、驱动人为之奋斗的目的。

（一）生态文明为人们指明了"美丽中国"的目标

十九大报告强调："必须树立和践行绿水青山就是金山银山的理念，坚持节约资源和保护环境的基本国策，像对待生命一样对待生态环境，统筹山水林田湖草系统治理，实行最严格的生态环境保护制度，形成绿色发展方式和生活方式，坚定走生产发展、生活富裕、生态良好的文明发展道路，建设美丽中国，为人民创造良好生产生活环境，为全球生态安全作出贡献。"建设美丽中国是开启人民福祉乃至全球生态安全的一条道路。改革开放初期，人们追求的是摆脱贫困，解决温饱问题。经过四十年的快速发展，人们的物质生活水平有了大幅度提高，但付出了环境污染严重、生态系统退化的代价。尽管 GDP 在不断增长，人们却没有感觉到更幸福、更开心。原因很简单，在基本需求得到满足以后，物质舒适程度的增加与人们幸福感的关联已经很小了。相比之下，森林覆盖率、饮水质量、空气质量等却成为人们最关心的问题，反映了人民群众对美好生活环境的迫切诉求。

着力解决突出环境问题是十九大对建设美丽中国提出的新要求。突出的环境问题主要指大气污染、水污染、土壤污染、固体废弃物和垃圾处置等。习近平总书记在全国生态环境保护大会上强调，要把解决突出生态环境问题作为民生优先领域。坚决打赢蓝天保卫战是重中之重，要以空气质量明显改善为刚性要求，强化联防联控，基本消除重污染天气，还老百姓蓝天白云、繁星闪烁；要深入实施水污染防治行动计划，保障饮用水安全，基本消灭城市黑臭水体，还给老百姓清水绿岸、鱼翔浅底的景象；要全面落实土壤污染防治行动计划，突出重点区域、行业和污染物，强化土壤污染管控和修复，有效防范风险，让老百姓吃得放心、住得安心；要持续开展农村人居环境整治行动，打造美丽乡村，为老百姓留住鸟语花香田园风光。此外，提高中国的森林覆盖率，要增加城市内、城郊、乡村的绿化面积也是建设美丽中国的重要内容。绿色给予人们以绿色享受、绿色福利、绿色幸福，它不仅改善着城乡的生态状况和生态安全，也改变着人类的生活方式和生产方式。为此，中国将启动大规模国土绿化行动，力争到 2020 年森林覆盖率达到 23.04%，到 2035 年达到 26%，到 21 世纪中叶达到世界平均水平。①

（二）生态文明为人们指明了实现目标的手段

如何才能建设美丽中国？首先，要确立生态文明的理念。十九大报告中强调，必须树立和践行绿水青山就是金山银山的理念，把生态文明建设放在更加突出的位置。坚持人与自然是生命共同体，人类必须尊重自然、顺应自然、保护自然。人类只有遵循自然规律才能有效防止在开发利用自然上走弯路，人类对大自然的伤害最终会伤及人类自身，这是无法抗拒的规律。建设生态文明应首先认识、理解和树立先进的生态文明理念，有了科学的理念，就有了行动的指南；思想问题解决了，行动就会水到渠成。尊重自然、顺应自然和保护自然的理念是对人类自然观念的总结和发展，是符合当下生态文明建设实践的最科学、最先进、最合理的论述和表达。

其次，要建立各种保障生态文明建设的制度。十九大报告提出，要加快生态文明体制改革，建设美丽中国。设立国有自然资源资产管理和自然生态监管机构，完善生态环境管理制度，统一行使全民所有自然资源资产所有者职责，统一行使所有国土空间用途管制和生态保护修复职责，统一行使监管城乡各类污染排放和行政执法职责。生态文明制度建设是生态文明建设的根本保障，是生态文明建设的基石，它为生态文明建设提供了方向、标准、行为规范和监督、约束力量。没有制度的制定、执行和完善，就没有生态文明建设实践的开始、发展和完成。

最后，要依靠创新不断提高生态文明建设水平。无论是理论创新、科技创新还是实践创新，都是我们打破僵局、奋勇前行的动

---

① 《中国启动大规模国土绿化行动》，《人民日报》（海外版）2018 年 1 月 5 日。

力来源。观念的转变、制度的改革、行动的落实同样需要创新来不断推动。为了避免懈怠，避免陷入短期效益的满足而忘掉可持续的发展，我们必须通过创新打破思考的疆界、破除行动的障碍。生态文明是一个宏伟的布局，要实现它，就需要有足够的洞察力、无畏的信心、一往无前的勇气和排除万难的努力，而所有一切的基础就是创新，唯有创新，才是真正可以依赖的力量。

（三）实现美好生活归根到底需要人们的共同努力

对于个人而言，首先要有一颗热爱自然之心。自然是人及一切生物的摇篮，是人类赖以生存和发展的基本条件。热爱自然才能热爱自然的万事万物，才能与自然产生共鸣。正如《周易·条辞传》中所说："天地之大德曰生"，意思就是天地之间最伟大的道德是爱护生命，万事万物皆有生命，都应该受到尊重。热爱自然就是符合生态文明的一种终极的道德态度，是一种基本的伦理原则，这种道德必须在日常生活的实践中通过一系列相应的规范和准则表现出来。其次，要形成广为传播的言论。不仅要把生态文明的理念扎根于自己的心中，而且要用自己力所能及的行动去宣传、去传播、去倡导这个理念。由于受各种固有的、习惯性的观念影响，人们还会对生态文明持有怀疑、抵触或置之不理的态度，公众媒体的宣传无法到达的地方，人际间的口耳传播、相互影响则会达到更为直接的效果。所以，个人要通过自己的声音来传递生态文明理念，普及生态文明知识。最后，要有一种表里如一的行动。美好生活不是嘴上说说就能实现的，生态文明也不是喊喊口号就会实现的。每一个人都要通过自己的行动去做、去实践，把生态文明的理念、热爱自然的心贯穿于自己的行动中。在日常生活中，要爱护公园的花草树木，不要攀折树木、践踏草坪；要保护环境卫生，不要乱扔垃圾，不要随地吐痰；要珍惜资源，不要浪费粮食，要节约水、电等资源，尽量乘坐公共交通工具等。养成自觉的、良好的习惯之后，行动将成为自然而然的事情，生态文明就有了坚实的群众基础。

对企业来说，其根本目的应该是为了实现人们的美好生活，尽管利益主体不同，但目标应是一致的。然而，许多企业看到的只是眼前利益，无视未来的长远利益，只看到经济利益，而没看到社会效益。在不同的利益相关者之间形成共同的想法和行动，虽然还需要一段过程和时间，但是现在已经开启了一个新的起点。企业不是为了别人而去节约、回收、减排、提高能效，而是为了承担社会责任、为了提高文明水平、为创造未来做好准备。生态文明建设的启动，将使越来越多的企业认识到社会、环境等议题是与企业的生产相互关联的，对整体责任感的提升将使企业主动降低能耗、减少污染排放、实现循环利用。投入时间和精力的行动必然能够赢得回报，这不仅有利于企业的长期发展，而且会带来整个生态系统的改变。企业是生态文明建设的主力军，它们必须积极投身于生态文明建设活动中，才能赢得良好的外部环境支持。

对政府来说，创造全民的幸福而不是创造少部分人的幸福，是它得以长久存在和普遍认同的根本条件。首先，政府要为推动生态文明理念的传播作出细致的安排、周密的部署。充分利用报纸、电视、广播、网络等媒体的大力宣传，使公众能够轻易地获得必要的信息，加深对环保科普知识的理解，强化对生态危机的产生、发展、演变规律的认识，加强对生态文明的必要性及迫切性的了解，加强对人与自然和谐的了解和对自身行为责任的了解等。要通过教育、文化、道德等方式引导人们树立生态文明理念。人们只有在宣传和活动中才能受到教育，才能培养节约、环保、生态的理念，因此，要构筑一整套的、覆盖全体公众的、立体的网络来影响人们的行为，创造一种变革的氛围。其次，要制定一个能够为各级政府、部门、团体和个人共同接受、共同遵守的合理制度。一旦确立了某种制度，就必须依靠各种措施来保证它的实施，成为普遍的行动准则和标准。最后，政府还要为制度的执行充当"把关人"的角色。通过多种手段和形式对生态文明建设进行检查，了解制度落实的情况，及时与有关部门进行沟通，纠正建设中存在的问题，避免建设中的偏差，解决和处理建设中违反制度的各种情况。科学、合理、正确的生态文明制度的贯彻落实和遵守执行是生态文明建设的根本保证。

生态文明能够开启一个美好生活的新时代，但是，这个新时代是需要我们所有人通过共同努力才能达到的。目前人类正处在一个十字路口，继续沿着工业化的道路肯定是一条不归路，我们必须通过新思考作出新选择。既然我们选择了生态文明之路，那么就让我们大家共同参与到这个伟大的事业中。每一个人的未来都掌握在自己手里，人类的未来是建立在共同的承诺和行动上的。生态文明只是看到了一个幸福的可能性，如果不朝着这个方向努力，它也不会变为现实。所以，更重要的是我们的行动，我们为生态文明，为我们的美好生活而积极行动起来，把生态文明观念变为主流思想，把行动汇聚到生态文明建设的事业中，形成一股强大的力量推动绿色变革的最终实现。

五、生态文明：卓越时代价值的完美展现

21世纪是生态文明的世纪，中国特色生态文明理论具有鲜明的时代价值。马克思曾说，"任何真正的哲学都是自己时代精神的

精华""是文明的活的灵魂"。因此，哲学不仅反映时代精神，而且把自身所处时代的思想表现出来。任何哲学既立足于它所处的时代，又有可能超越自己所处的时代。发展马克思主义，就是要与时代精神相适应，把马克思主义经典理论与中国发展实践相结合。中国共产党提出的生态文明理论是体现新时代精神的马克思主义中国化的最新成果之一。

生态文明，是随着人类文明发展而展现出并为人类所认识的一种新的文明形式，它将使人类社会形态及文明发展理念、道路和模式发生根本转变。"生态文明理论涵盖了全部人与人的社会关系和人与自然的关系，涵盖了社会和谐和人与自然和谐的全部内容，是实现人类社会可持续发展所必然要求的社会进步状态"。

（一）生态文明理论是对西方近现代"人化自然"思想的纠正和生态社会主义合理思想的吸取

自文艺复兴以来，西方从上帝的阴影中摆脱出来，重新发现了"人"的自身价值，以"人"为观察中心，"统一的自然世界就被划分为两个具有不同性质的部分：人作为世界的主体，是宇宙的最高存在，是自由的存在，是'万物的尺度'；而外部自然世界则成为客体，成为满足主体需要的对象，成为人的'为我之物'，它只有依赖于主体（人）才能获得存在的理由和价值"。自然不再是最初意义上的自然，而成为人类理念的产物以及人的本质力量对象化的产物，这导致了人与自然关系的变化，人不仅不再遵循自然的规律而生活，而且还发出征服自然的宏愿，自然在人类的实践中变为"人化自然"。这种经过人类改造的自然呈现出人的文化、欲望和目的，进而与原始自然大相径庭，自然不是被净化了，而是被扭曲了。

在"人化自然"思想的指导下，人类无限夸大人的主体性，而忽略自然的价值，其结果必然导致现代工业文明的危机：全球性的资源紧缺、环境恶化不断加剧、人的生存受到前所未有的挑战。生态文明理论的出现正是对西方近代"人化自然"思想的彻底纠正。

由于工业化社会和消费社会的蔓延，西方出现了绿色社会运动，在各种思潮中较具代表性的是生态社会主义。许多思想家、哲学家和学者开始认识到，人类与自然的关系不应仅仅是征服与被征服的对立关系，而应是和谐共存的关系。生态社会主义者通过对"现代性危机"的探讨，不仅在理论上而且在实践中把马克思主义与当代全球性问题结合起来，给人类社会的未来发展指明了一个新的方向，提供了一种新的选择。生态文明理论在辩证地吸收了西方生态社会主义理论的合理思想的同时，充分地认识到当代存在的问题，体现了鲜明的时代特色。

（二）生态文明理论与马克思主义"尊重自然规律和保护生态环境的思想"一脉相承

马克思、恩格斯虽然没有明确使用过"生态文明"的概念，但是，在他们的人类社会发展理论中却包含着丰富的生态文明思想，蕴含着对自然的人文关怀。他们的思想既为生态文明理论的形成提供了历史观基础，又为我们深刻理解生态文明理论提供了相互验证的理论和思想资源。马克思指出，自然界是人与人联系的纽带，"社会是人同自然界的完成了的本质的统一，是自然界的真正复活，是人的实现了的自然主义和自然界的实现了的人道主义"。马克思在这里通过考察人与自然界的关系，指出人作为一种普遍性的存在，借助人的能动的实践活动，从而形成了自己对社会的总体认识。社会就是自然界逐步演化为"人的生存和生活的自然界"，即人化自然的过程。马克思、恩格斯考察了人类与自然关系的历史，他们认为，"人类社会发展初期，形成了人对自然的崇拜和敬畏，在前资本主义社会，由于人类的生产目的是获取使用价值，人与自然基本上维持一种原始的共生关系。而在资本主义社会，生产的目的是追求剩余价值，所以造成生产的无限扩张以及人与自然关系的紧张"。马克思、恩格斯在论证资本主义制度性危机时，曾从资本主义生态恶化的角度，揭示了资本主义制度的弊病，指出资本主义的社会危机与生态危机的因果关系，社会危机导致生态危机，异化劳动导致了人与自然的异化。他们对此深表忧虑，正是由于工业化带来了生态的持续被破坏和人类生存环境的恶化，从而为人类走可持续发展道路指明了方向。

单纯的人类中心主义和生态中心主义都无助于解决当前人类所面临的生存危机，都不能解决人与自然的矛盾和存在的问题，因此，生态文明应运而生。生态文明在强调以人为本的同时，也反对极端人类中心主义与极端生态中心主义，它强调人与自然的整体和谐共生，以最终实现人与自然的双赢式的协调发展。

生态文明理论以辩证的世界观看待人与自然的关系，揭示了自然价值与人类价值的一致性。只有珍视自然的价值，人类才能实现其自身价值。生态文明提出的实现人与自然和谐相处，走人与自然和谐发展之路的观点是对马克思主义自然观、社会观的具体化和深化，反映了在当今世界生态恶化的现实面前，人类对这个问题有了更为清醒的认识，生存危机的压力也迫使人类必须抓紧解决这个问题。

(三) 生态文明理论深化了人类对社会主义基本价值、社会主义本质的认识，使中国特色社会主义理论体系更加丰富、全面和深入

生态文明理论认为"人是价值的中心，但不是自然的主宰，人的全面发展必须促进人与自然的和谐"。真正的和谐社会应充分认识到人与自然和谐是一切和谐的根本之基，应注重生态价值，用生态和谐促进社会和谐，才有可能走向全面、长期和持久的和谐。同时，生态文明理论所秉持的可持续发展与公平、公正的多维价值取向，与中国特色社会主义的基本价值是一致的。因此，生态文明与物质文明、精神文明和政治文明构成了一个不可分割的整体，成为中国特色社会主义发展的基础理论之一。

邓小平拓展了我们对社会主义本质的认识，他认为社会主义的本质是通过解放和发展生产力，消灭剥削，消除两极分化，最终达到共同富裕。这是对人民群众在占有社会物质财富上的肯定，也是在财富分配问题上实现公平、公正的一大进步。中国共产党十七大首次提出生态文明的新理念，是继工业文明之后产生的更高程度的文明理念，是对科学发展、和谐发展理念的一次升华。生态文明是为了处理与调整好人与自然的关系，在更高的起点上达到人与自然的和谐，这也正是社会主义的本质内涵之一，体现了社会主义内涵的丰富性和完整性。社会主义的物质文明、政治文明和精神文明虽然是生态文明的前提和基础，但是生态文明又反作用于三个文明，有力地促进其他三个文明的发展。三个文明不能离开生态文明，没有良好的生态条件，人就不可能有高度的物质享受、政治享受和精神享受。生态安全如果无法保证，那么人类就会陷入严重的生存危机。社会主义决不能走资本主义工业文明模式，因为那已经被证明是一种错误的发展模式。只有超越工业文明模式，追求生态文明，才能有效应对生态环境的变化，达到既发展经济又保护环境的目的。一些地方的生态灾难，往往是只追求经济增长，忽视资源、能源和环境的保护，结果不但造成了巨大的直接经济损失，对长远的经济发展更造成难以弥补的不良影响。所以，生态文明不搞好，物质文明很难持续发展。这种相辅相成、不可分割、相互促进的关系使四个文明构成了一个整体，也表明了中国特色社会主义在发展目标、发展战略和发展途径上有了更加清晰的认识，标志着社会主义理论有了进一步的发展。

结语：构建人类命运共同体，共创世界美好未来

"'顺自然生态规律者兴，逆自然生态规律者亡'，这是人类社会发展实践所证明了的一条基本法则"①。无数的事实告诫人们：人类的经济社会活动不能逾越自然生态的承载，否则会受到大自然的无情报复。在人类文明的长河中，一些古老文明国家和地区的消亡、衰落，其共同的根源是过度砍伐森林、过度放牧、过度垦荒和盲目灌溉等，导致土地生产力衰竭，它所支持的文明也随之衰落、消亡。譬如古埃及文明、古巴比伦文明、古地中海文明和印度恒河文明、美洲玛雅文明以及我国黄河文明的衰落，都与自然生态系统的破坏有着直接或间接的关系。

"西方发达国家既是工业文明的先行者，又是最大的环境破坏者"②。工业革命对于人类财富的积累是一次巨大的进步，但对于人类的生存环境却是一次灾难。英国于19世纪60年代，美国、法国于20世纪初期，德国于20世纪30年代，苏联和日本于20世纪

---

① 姜春云：《生态文明是人类一切文明的基础：在第二届中国（海南）生态文明论坛开幕式上致辞》；张庆良：《永远的红树林》，南方出版社2005年版，第3页。

② 姜春云：《跨入生态文明新时代：关于生态文明建设若干问题的探讨》，《求是》2008年。

70 年代，先后完成了传统工业化，又都经历了资源高消耗、环境高污染的过程。自 20 世纪初期开始，工业化国家环境重污染的"公害事件"层出不穷。特别是轰动一时的"世界八大公害事件"，向全球敲响了危害千百万公众生命与健康的生存危机警钟。

最早享受工业文明成果的资本主义发达国家，在尝到了工业化带来的环境污染的恶果之后，也对资本主义的经济增长方式进行过深刻地反思，也在环境保护方面取得了令人瞩目的成就。但从整体上看，资本主义工业化国家并没有因为他们那里率先爆发过生态危机而提出"生态文明"的新理念。这是因为，一方面，发达的资本主义工业大国，靠大量的资金、技术在一定程度上缓解了生态环境问题；另一方面，西方资本主义工业大国采取"生态殖民主义""生态帝国主义"的环境策略，转移了国内的生态危机。他们通过资本全球化悄悄地进行资源掠夺和环境剥削，把发展中国家视为自然资源的原料地和污染物的排放地，不断向落后的国家和地区转移工业产品的生态成本，让发展中国家为他们的资源环境"买单"，导致全球范围内的环境污染。资本主义制度无限追求利润的生产方式和"不消费，就衰退"的消费观，决定了它不可能实现真正意义上的生态文明。

随着世界多极化、经济全球化、社会信息化、文化多样化的深入发展，世界各国的相互依存度日益加深，各国被日益密切地联系在一起。同时，世界面临的不稳定性、不确定性突出，世界经济增长动能不足，贫富分化日益严重，地区热点问题此起彼伏，恐怖主义、网络安全、重大传染性疾病、气候变化等非传统安全威胁持续蔓延，人类面临许多共同挑战。面对挑战，没有哪个国家能够独自应对，也没有哪个国家能够退回到自我封闭的孤岛。为此，中国呼吁人类同心协力，构建人类命运共同体，建设持久和平、普遍安全、共同繁荣、开放包容、清洁美丽的世界。

2012 年，中共第十八次全国代表大会报告向世界郑重宣告：合作共赢，就是要倡导人类命运共同体意识，在追求本国利益时兼顾他国合理关切，在谋求本国发展中促进各国共同发展，建立更加平等均衡的新型全球发展伙伴关系，同舟共济，权责共担，增进人类共同利益。这是中国政府正式提出"人类命运共同体"的意识。2015 年 9 月，在联合国成立 70 周年系列峰会上，习近平总书记全面论述了打造人类命运共同体的主要内涵：建立平等相待、互商互谅的伙伴关系，营造公道正义、共建共享的安全格局，谋求开放创新、包容互惠的发展前景，促进和而不同、兼收并蓄的文明交流，构筑尊崇自然、绿色发展的生态体系。2017 年 1 月，在联合国日内瓦总部，习近平总书记在万国宫出席"共商共筑人类命运共同体"高级别会议，并发表题为《共同构建人类命运共同体》的主旨演讲，阐释了构建人类命运共同体的中国方案。同年 2 月，联合国社会发展委员会第 55 届会议协商一致通过"非洲发展新伙伴关系的社会层面"决议，首次写入"构建人类命运共同体"理念。2017 年 10 月，中共第十九次全国代表大会通过《中国共产党章程（修正案）》，将"推动构建人类命运共同体"写入党章。2018 年 3 月，十三届全国人大一次会议第三次全体会议表决通过《中华人民共和国宪法（修正案）》。宪法序言第十二自然段中"发展同各国的外交关系和经济、文化的交流"修改为"发展同各国的外交关系和经济、文化交流，推动构建人类命运共同体"。构建人类命运共同体的理念越来越受到重视，被上升为党的指导思想和国家意志，同时正不断被世界接受和认可。

建设生态文明是全球所有国家和地区共同的事业，在中国建设生态文明具有特别重大的现实意义和深远的战略意义。建设生态文明既是我党顺应世界发展潮流，为人类文明发展作出的贡献，也是我国全面建设小康社会和现代化建设的内在要求，更是中国作为一个负责任的社会主义大国在国际社会应有的姿态的展现。携手共建良好的生态环境，共同呵护人类赖以生存的地球家园是构建人类命运共同体的重要组成部分。中国在生态文明建设领域不断探索、实践，取得一系列的成功经验，逐步成为全球生态文明建设的重要参与者、贡献者、引领者，为全球生态治理不断提供"中国方案"，贡献"中国智慧"。

我们相信，在以习近平总书记为核心的党中央的正确领导下，全体中国人民一起行动起来，共同创新，一个和谐美丽、繁荣强大的"绿色中国"一定会屹立于世界的东方！中华民族伟大复兴的中国梦一定会实现！

附录：生态文明建设重要政府法规文件汇总

1.《党的十八大报告》2011年11月8日。

2.《党的十九大报告》2017年10月18日。

3.《关于全面深化改革若干重大问题的决定》2013年11月12日。

4.《关于加快推进生态文明建设的意见》2015年4月25日。

5.《生态文明体制改革总体方案》2015年9月21日。

6.《党政领导干部生态环境损害责任追究办法（试行）》2015年8月17日。

7.《全国主体功能区规划》2010年12月21日。

8.《关于划定并严守生态保护红线的若干意见》2017年2月7日。

9.《关于落实发展新理念加快农业现代化实现全面小康目标的若干意见》2015年12月31日。

10.《关于省以下环保机构监测监察执法垂直管理制度改革试点工作的指导意见》2016年9月14日。

11.《关于实施乡村振兴战略的意见》2018年1月2日。

12.《关于健全生态保护补偿机制的意见》2016年4月28日。

13.《关于推进山水林田湖生态保护修复工作的通知》2016年

9 月 30 日。

　　14.《建立国家公园体制总体方案》2017 年 9 月 26 日。

　　15.《生态环境损害赔偿制度改革方案》2017 年 12 月 17 日。

　　16.《生态文明建设目标评价考核办法》2016 年 12 月 22 日。

参考文献

1. 《马克思恩格斯选集》第 1—4 卷，人民出版社 2012 年版。

2. 《马克思恩格斯全集》第 42 卷，人民出版社 1972 年版。

3. 《习近平提三个共同享有：实现中国梦须凝聚中国力量》，中国新闻网，见：http://www. chinanews. com/gn/2013/03—17/4650056. shtml。

4. 《习近平谈治国理政》第 2 卷，外文出版社 2017 年版。

5. 姜春云：《偿还生态欠债：人与自然和谐探索》，新华出版社 2007 年版。

6. 姜春云：《拯救地球生物圈：论人类文明转型》，新华出版社 2012 年版。

7. 潘岳：《绿色中国文集》1—3 册，中国环境科学出版社 2006 年版。

8. 贾治邦：《生态建设与改革发展：2009 林业重大问题调查研究报告》，中国林业出版社 2010 年版。

9. 国家林业局：《中国的绿色增长：党的十六大以来中国林业的发展》，中国林业出版社 2012 年版。

10. 牛文元：《中国新型城市化报告 2011》，科学出版社 2011 年版。

11. 齐晔：《中国低碳发展报告（2013）：政策执行与制度创新》，社会科学文献出版社 2013 年版。

12. 薛晓源、李惠斌：《生态文明研究前沿报告》，华东师范大学出版社 2007 年版。

13. 王雨辰：《走进生态文明》，湖北人民出版社 2011 年版。

14. 余谋昌：《生态文明论》，中央编译出版社 2010 年版。

15. 张智光等：《绿色中国：理论、战略与应用》，中国环境科学出版社 2010 年版。

16. 张文台：《生态文明建设论：领导干部需要把握的十个基本体系》，中共中央党校出版社 2010 年版。

17. 赵建军：《党政干部环境保护知识读本》，中国环境科学出版丰士 2011 年版。

18. 赵建军：《全球视野中的绿色发展与创新：中国未来可持续发展模式探寻》，人民出版社 2013 年版。

19. ［美］理查德·瑞吉斯特：《生态城市：重建与自然平衡的城市（修订版）》，王如松、于占杰译，社会科学文献出版社 2010 年版。

20. ［英］安东尼·吉登斯：《气候变化的政治》，曹荣湘译，社会科学文献出版社 2009 年版。

21. 国家制造强国建设战略咨询委员会：《绿色制造》，电子工业出版社 2016 年版。

22. 国家制造强国建设战略咨询委员会：《〈中国制造 2025〉解读——省部级干部专题研讨班报告集》，电子工业出版社 2016 年版。

23. 中共中央文献研究室：《习近平关于社会主义生态文明建设论述摘要》，中央文献出版社 2017 年版。

24. 陶良虎、刘光远、肖卫康：《美丽中国：生态文明建设的理论与实践》，人民出版社 2014 年版。

25. 黄承梁：《新时代生态文明建设思想概论》，人民出版社 2018 年版。

26. 张家荣、曾少军：《永续发展之路 中国生态文明体制机制研究》，中国经济出版社 2017 年版。

27. 解振华：《中国的绿色发展之路（中文版）》，外文出版社 2018 年版。

28. 郑保卫：《绿色发展与气候传播》，人民日报出版社 2018 年版。

29. 赵建军：《我国生态文明建设的理论创新与实践探索》，宁波出版社 2017 年版。

30. 赵建军：《绿色制造：中国制造业未来崛起之路》，经济科学出版社 2017 年版。

后 记

　　1985年在东北大学（原东北工学院）攻读科学技术哲学硕士研究生时，我就选定了从技术视角研究人与自然关系的历史演进与当代境遇问题。1997年在东北大学攻读博士学位研究生期间，我进一步明确了可持续发展的研究方向。2002年从华侨大学调入中共中央党校哲学部开始，我又转向了生态文明的研究和教学。30多年的研究，30多年的坚持，我终于看到了：生态文明建设成为我国"五位一体"战略格局的重要组成部分，"绿色发展"成为"五大发展理念"之一，"美丽中国"成为伟大的"中国梦"。这更让我坚定了从事自己研究领域的信心。同时，面对资源环境问题的严峻性、复杂性和治理的长期性，又让我深感作为一名学者的责任重大、使命重大。目前生态文明领域的研究已进入攻坚克难的阶段，很多问题的破解，需要有稳定的、具有凝聚力和战斗力的研究团队。

　　近些年，我带领我的团队已经完成了国家社科基金重点项目"我国绿色发展的理论建构与动力机制研究"（2011）、发改委课题"黄河三角洲生态补偿机制研究"（2009）、林业局重点调研课题"推进生态文明与林业生态文化体系建设研究"（2009）与"大林业观与生态文明建设研究"（2013）、环保部课题"全民参与环境保护社会行动"（2010）、北京市软科学重点课题"北京实施战略环评的推进机制研究"（2006）等。在研课题有国家社科基金重点项目"绿色技术范式与生态文明制度研究"（2014）和国家社科基金专项"十八大以来党中央治国理政的生态文明思想与实践探索研究"（2016）。团队共出版著作11部，其中《如何实现美丽中国梦——生态文明开启新时代》获得了2013年北京新闻出版"三个一百"奖，2016年又被评为第三届全国党员教育培训教材展示交流活动获奖教材；《我国生态文明建设的理论创新与实践探索》被列为"十三五"国家重点图书出版规划项目、浙江省"十三五"重点出版物出版规划项目；《绿色制造：中国制造业未来崛起之路》入选大英图书馆收藏。团队的研究成果得到了社会各界的关注和认可，十八大以来，我先后接受央视一套新闻联播、焦点访谈、十套科教频道、发现之旅频道、贵州卫视、中国中央网络电视台，以及光明网、理论网、新华社、《中国环境报》《时事报告》《学术前沿》等数十家媒体的采访。团队的成果有的已得到实践应用。比如，2009年完成的《科技特派员创新机制研究》的研究报告获中央领导批示；主持国家林业局重大调研课题提出的"大林业观"得到国家林业局党组肯定，研究报告在2012年两会前通过《决策内参》上报国务院。以上成果是我和团队成员共同努力的结果。我的团队成员有中共宁波市委党校张雅静教授，中共中央党校讲师郝栋，北京交通大学邬晓燕副教授，中国社会科学院杨发庭副教授等二十多人，他们在付出辛勤劳动的同时也在不断成长，有的已经成为我国生态文明研究领域的佼佼者。我为他们的成长感到自豪，也为能有更多人专注生态文明领域的研究而感到欣慰。

　　本书是我2008年以来给中共中央党校高中级干部讲课内容的扩展，以及实践调研的总结与提炼，具有理论的前瞻性和现实的

针对性。由我负责全书的整体策划和编写；我的研究团队成员
（张雅静，卢艳玲，郝栋，杨发庭，邬晓燕，吴保来，薄海，胡春
立，尚晨光，张一粟，杨永浦等）做了大量资料收集、框架论证
和改写工作；张雅静、胡春立参与了全书校对。文中收录的多数
文章都是近些年来我公开发表的论文、讲稿，以及十九大召开之
后的访谈、约稿。这本书是集体智慧的结晶，感谢我的团队成员。

    这里我要特别感谢中央党校原副校长李君如同志，他多年来一
直关心我的学术研究，多次抽出宝贵时间参加我组织的学术研讨
会并做报告；这次他受邀作为本书的顾问委员会主任，对全书的
架构给予了很好的指导，保证了本书的学术水准；感谢第十一届
全国政协副主席、中国生态文明研究与促进会会长陈宗兴同志，
他身体力行的推进生态文明的理论研究和实践探索。从本书开始
撰写时，陈宗兴同志就给予了高度关注与支持，并亲自为本书
作序。

    感谢人民出版社新学科分社社长陈寒节对本书出版的鼎力支
持。本书在编写过程中，参考了大量同行专家的成果，这里一并
表示感谢。不当之处，敬请读者批评指正。

赵建军

2018 年 7 月 15 日